ブラックホールは白くなる

カルロ・ロヴェッリ Carlo Rovelli
冨永 星 訳

Buchi bianchi

NHK出版

ブラックホールは白くなる

装幀
松田行正＋山内雅貴

科学と夢の相棒である、フランチェスカへ。

わたしたちが経験できるもっとも美しいもの、それは神秘の感覚である。
真の芸術や科学、それらすべての源がそこにある。
その感覚を知らない者は……死んでいるも同じで、その目は閉じている。

——アルベルト・アインシュタイン

ブラックホールは白くなる　目次

本文中の〔　〕は訳注を表す。注番号は巻末の原注を参照。

第一部

黒い穴（ブラックホール）

出だしがもっとも難しい。冒頭の言葉が、空間を切り開く。少女のふとした眼差しを受けて恋が芽生えるように――かすかな微笑みによって人生が決まる。実際に筆を執るまで、わたしはずいぶん長くためらっていた。ここカナダの自宅の裏に広がる森を、幾度となく、長い時間歩き回りながら。

自分がどこに向かおうとしているのか、今なお確かなことはわからない。

ここ数年、わたしの研究の焦点は黒い穴（ブラックホール）の摑み所のない弟妹である白い穴（ホワイトホール）に絞られていた。これは、ホワイトホールに関するわたしの本である。まず最初に、今では天空に何百も存在することがわかっているブラックホールのなんたるかを、できるだけ上手に述べたいと思う。それらの奇妙な星の縁（へり）、すなわち地平線（ホライズン）〔地平面と訳されることも。詳細は訳者あとがきを参照〕で、いったい何が起きているのかを。かの地平線では、時間は遅くなり、ついには止まって、空間も終わるとされているのだが……。それからどんどん内へと降りてゆき、内部のもっとも深いところ――時間や空間が溶ける領域に至る。時間が反転する領域――ホワイトホールが生まれる領域に。

これは旅の物語。であるとともに、今も続く冒険の顛末（てんまつ）。どんな旅にもいえることだが、最初はどこに連れて行かれるのかはっきりしない。誰だって、初めて微笑みを交わした直後に、

どこで同棲しようかなどとは尋ねられない。それでもわたしの頭のなかには、自分なりの飛行計画がある。わたしたちはまず、地平線の際に赴く。そこから中に入っていちばん下まで降りてゆき、――〔『鏡の国のアリス』の〕アリスが鏡を抜けたように――底を突き抜けて、向こう側のホワイトホールの中に出る。そこで、時間が反転するというのがどういうことなのかを自問した後に……再び姿を現して星たちと見える。見慣れた星たちと、ほんの数秒――でありながら何百万年もの時間――の後に。あるいはそれは、この短い本を読み終えるまでの時間なのかもしれない。

さあみなさんも、ご一緒しませんか?

マルセイユにて。ハルは、わたしの研究室の黒板の前に立っている。わたし自身は大きな背もたれのある椅子に腰を下ろし、机に両肘をついて、じっとハルを見つめている。窓からは地中海のまばゆく澄んだ光が射し込み……。ホワイトホールを巡るわたしの旅は、こんなふうに始まった。

ハルはアメリカの人である。とはいえ生来の優しさゆえに、その天才的な着想も決してどぎつく感じられない。今では大学で講師をしているが、当時はまだ学生だった。思いやりがあって厳密で、年のわりに成熟した落ち着きと冷静さを感じさせる。彼は何かを伝えようとしていたのだが、わたしにはどうもそれがうまく呑み込めなかった。ブラックホールが長い一生を終えようとする、まさにその瞬間に起きる事柄に関する着想だというのだが。

彼の言葉が蘇る。「わたしたちが時間を反転させても、アインシュタインの方程式は変わりません。跳ね返りを起こすには、時間を反転させて、解を貼り合わせればいいんです」。何のことやらさっぱりだった。

それから突然、ハルのいっていることが腑に落ちた。いやあ、お見事！（わたしはイタリア人だから、冷静でなんかいられない）黒板のところに行って、ざっと図を描いてみる。胸が高鳴る。彼がちょっと考えてから「そうです、だいたいそんな感じで」といいかけるのを、わたしが引き取って「……ブラックホールは、内部の量子トンネルによってホワイトホールに変わる——でも、外部は同じままでいられる」と続ける。彼はさらにもう少し考えてから、「そうですねえ……どうなのかな。こう……なると思われますか？」といった。

そう……なるのだ。少なくとも理屈のうえでは。マルセイユの澄んだ光のなかでのあの会話から、九年が経った。その間、わたしは学生や同僚たちとともに、黒い穴（ブラックホール）が白い穴（ホワイトホール）になり得るという仮説を検討してきた。じつに美しい着想だ、とわたしは思っている。今から、その考えについてお話しししたい。

この着想が正しいのかどうか、わたしにはわからない。ホワイトホールが実際に存在するかどうかもわからない。ブラックホールに関しては、今では多くのことがわかっていて、実際に「見る」こともできる。しかし、ホワイトホールは誰も見たことがない。今のところは……。

パドヴァ大学の博士課程に在籍していた頃、わたしはマリオ・トーニンに理論物理学を教わった。彼はわたしたちに「善き『神』は、毎週あの有名な物理学雑誌、『フィジカル・レビューD』を読んでいるんだと思う。そして何か気に入ったアイデアに出くわすと、ジャーン！　とばかりにそれを実行に移して、適宜宇宙の法則を書き換えるんだ」といった。

もしそうであるのなら、親愛なる神様、わたしには一つお願いがあります。どうか、ブラックホールが結局はホワイトホールになるように、取りはからっていただけないでしょうか……。

［図1］ハル

ここまでの文章に目を通す。初めてホワイトホールに出合ったときの話だ。すべてを順序立て

て説明したい。ハル〔図1〕とわたしがどんな対象について論じていたのか。それらについて何を知っていて、何を知らなかったのか。どのような問題を解明しようとしていたのか。ハルの着想が正確にはどのようなもので、そこから何が言えそうだったのか。時間が反転するということは何を意味していて（決して複雑なことではない）、時間が方向を持つということは何を意味しているのか（意外に思われるかもしれないが、こちらのほうがややこしい）。

みなさんが付いてきてくれるのなら、ブラックホールの地平線(ホライズン)の際(きわ)までお連れして、*ともに中に入り、奥底まで降りる。そこを抜けるとホワイトホールの中に出るのだが、そこでは時間が反転している。それから今度は上がってゆき、ついには外に出て、再びお馴染みの星に見え(まみ)ることになる。

では、旅を始めよう——ホワイトホールを目指して。

* みなさんは「事象の地平線(イベント・ホライズン)」という言い回しを耳にしたことがおありだろう。じつに美しい言葉だが、この言葉は使わないでおきたい。なぜなら「イベント・ホライズン」は専門的に定義されたものであり、白くなるブラックホールにはその定義が当てはまらないからだ。この点に関する専門的な議論は、たとえば学術的な拙書『ロヴェッリ——一般相対性理論入門』（森北出版）を参照されたい。

第一章　ブラックホールとは何か

一般相対性理論に導かれて

じつはまず、ホワイトホールではなくブラックホールを目指さなくてはならない。ホワイトホールのなんたるかを理解するには、ブラックホールが何なのかを明確に知る必要があるのだ。ブラックホールとは、いったい何なのか。

最初に間違えたのは、アインシュタインだった。アルベルト・アインシュタインは十年にわたる「まさに死にものぐるいの」作業の末に一九一五年、自身のもっとも重要な理論の最終的な方程式を発表した。その理論は一般相対性理論と呼ばれ、今なお世界中のありとあらゆる大学で研究されている。

その式が発表された数週間後、アインシュタインのもとに若き同業者から一通の手紙が届いた。当時ドイツ軍の中尉だったカール・シュワルツシルトは、その数か月後に東部戦線で命を落とすことになる。

彼の手紙は、次のような美しい言葉で締めくくられていた。「あなたもご存じのように、絶え間なく砲撃が続いていますが、今のところこの戦いはわたしを優しく遇してくれています。と申しますのも、ほんの短い時間ではありますが、そういったすべてを逃れてあなたの着想の地に踏み入り、散歩を楽しむことができているからです……」

シュワルツシルトが東部戦線の戦いの合間に、当時も今も猛威を振るう人間の愚かさゆえに無残に殺された（国境争いで命を落とすほど愚かなことがあるだろうか）ドイツやロシアの若者たちの亡骸（なきがら）に囲まれながら行ったアインシュタインの着想の地の逍遥（しょうよう）は、アインシュタインが発表したばかりの方程式の一つの厳密な解として実を結んだ。

それらの方程式には、アインシュタインもかなりてこずらされた。問題の方程式が一連の論文を通じて発展していく様子からも、その苦闘が偲（しの）ばれる。どの論文にも、異なる式が記されていたのだ。しかも、すべて間違っていた。

だがついに、一九一五年に正しい式が示された。そしてそれらの方程式を目にした物理学者たちは、時間と空間の性質に関する自分たちの考えを見直す必要がある、と納得した。それらの式が、山では平地よりも時計が速く進み、宇宙は膨張しており、空間には波が立つ、といったことを示していたのだ。これらは、今日わたしたちが宇宙を調べるのに用いている方程式であり、おそらく物理学全体のなかでもっとも美しいといえる式なのだ（拙著『すごい物理学入門』（河出書房新社）に唯一含まれている式でもある）。

わたしたちはこの先の旅で、これらの方程式と親密な——それでいて不穏な——関係を持つことになる。これらの式が、ダンテの『神曲』に登場するヴェルギリウスのように、わたしたちの道案内となるのだ。なぜならそこには、今現在のわたしたちの空間、時間、重力を巡る最良の理解が要約されているから。これらの式は、わたしたちが物事を理解するためのツールであり、ブラックホールの縁（へり）で、さらにはその内部で何が起きるはずなのかを教えてくれる。そしてまた、ホワイトホールのなんたるかも。要するに、これらの奇妙な領域を進んでゆく道を指し示してくれるのだ。

だがそれでいて、わたしがこれから語ろうとしている話の核心は、これらの方程式がもはや機能しない場所——これらの方程式を放棄しなければならなくなったその場所——でいったい何が起きるのかを、行って、見てくるところにある。それが、科学なのだ。

わたしたちは旅の中ほどで、心強い道案内だったこれらの方程式を手放さなければならなくなる。そして、より甘やかな何かに導かれることになる。ちょうどダンテがかの旅の中ほどでヴェルギリウスと別れ、より魅惑的な何かの虜（とりこ）になったように……。

シュワルツシルトの解が意味すること

ここでシュワルツシルトに話を戻すと、彼がアインシュタイン宛ての手紙で示した解もまた、今ではすべての大学の教科書に載っている。その式は、たとえば地球や太陽のような質量のまわりの時間と空間がどうなるかを記述する。時間と空間は、地球や太陽の重力によって曲がるのだ（どういう意味かは、すぐに説明する）。時間や空間が曲がっているからこそ、物体は地球に向かって落ち、惑星は太陽のまわりを巡る。つまり、重力が生じる。

シュワルツシルトは、地球や太陽のような重いものの周囲の物体が重力の影響でどのように動くのかを調べた。これは、その三百年前にニュートンが考察し、近代科学への道を開くことになったのと同じ問いである。アインシュタインとシュワルツシルトはニュートンの答えを修正し、質量の周囲における物体の動きに関するニュートンの予測をより正確なものにした。

ところがシュワルツシルトが発見した解は、惑星の動きを少々修正しただけでなく、同時に新しく根本的なこと、しかもひどく奇妙なことを予言した。質量が極端に凝縮されると、その周囲に殻——球形の表面——ができて、なにもかもが奇妙なことになる、というのだ。その表面では時計が——質量の近くでは常に遅れるのだが——ついに止まってしまう。時間は凍り付き、もはや時は流れない。では空間はというと、質量に向かってぐーんと伸びる。長い漏斗(じょうご)のように伸びてゆき、そこが、この奇妙な丸い表面のほころびになる。表面のすぐ内側の点ですら無限に遠く、まるで空間がばらばらに引き裂かれたかのようになるのだ。

時間は止まり、空間は引き裂かれ……といわれると、ひどく奇っ怪で、およそあり得ないことのように感じる。そして案の定アインシュタインは、こんなのは馬鹿げていると結論した。そのようなおかしな表面は、現実世界には存在し得ない、と。

実際に計算をしてみると、このような表面が形成されるには、質量を途方もなく圧縮しなければならないことがわかる。たとえば地球のまわりにそのような表面を生じさせるには、地球全体をピンポン球くらいまで圧縮する必要がある。なにを馬鹿な、そんなのは一顧だに値しない！　こんな奇妙な殻が生じるところまで質量を圧縮できるはずがない、とアインシュタインは断じた。

だが、彼は間違っていた。自身の方程式を信じ切れなかったのだ。自分の理論が指し示す奇妙な事柄を信じる胆力がなかった。わたしたちは知っている——それほどまでに圧縮された質量が、現実に存在することを。天空には、凝縮された質量が無数に存在している。それが、ブラックホールなのだ。

天文学者たちは、ブラックホールを観察してきた。その差し渡しは、小は数キロメートルから、じつに巨大な——太陽系全体と同じくらいの——もの、さらにはもっと大きなものまで、じつにさまざまだ。ひょっとすると（ピンポン球と同じくらいの）小さなもの、あるいは（髪の毛一本の重さしかない）きわめて小さなものもあるかもしれない。だが、わたしたちはまだ見たことがない。まだ、今のところは……。

天空に存在することがすでに確認されているブラックホールは、そのほとんどが燃え尽きた恒星から生じたものだ。それらの星はひじょうに大きく、あまりに重く、燃えていなければ自重で内側に崩れてしまう。恒星はほぼ水素でできていて、水素は燃えてヘリウムになる。この燃焼で生じる熱の圧力と星の重さが釣り合っている間は、自重で崩れなくてすむ。このようにして星は、何十億年もの間生きながらえ、燃え続ける。

だが何事も、永遠には続かない。最後には、恒星の水素はすべて燃やされ、ヘリウムや不燃性の灰と化す。こうして星は、ガス欠の車となり果てる。恒星の温度は下がり、自重がものを言い始める。重力の影響によってつぶれるのだ。大きな星の重力は途方もなく、もっとも硬い岩ですらその圧力には耐えられない。今や、恒星が自重で崩壊するのを止めるものは何もない。どんどん崩れ、ついには地平線の内部に沈み込む。こうしてブラックホールが形成される。

［図2］

銀河の中心から届く信号

このような事実が判明するずっと前の一九二八年、ベル電話会社は無線通信を妨げる雑音について調べるために、カール・ジャンスキーという物理学者を雇った。ジャンスキーは、長さ三十メートルのごく初歩的な指向性アンテナを作った。金属の棒を組んで独特な格子を作り、その下に車輪をつけて全方位に回せるようにしたのだ。同僚たちはこの装置を「ジャンスキーのメリーゴーラウンド」と呼んだ。上の写真が、その装置である［図2］。

ジャンスキーはこのアンテナを用いて、拾える限りの電波信号をすべて記録することにした。通過する激しい雷雨の稲光や無線アンテナが発するノイズなどの、ありとあらゆる信号を。するとそ

［図3］電波強度の変化をdB（デシベル値）で表したもの

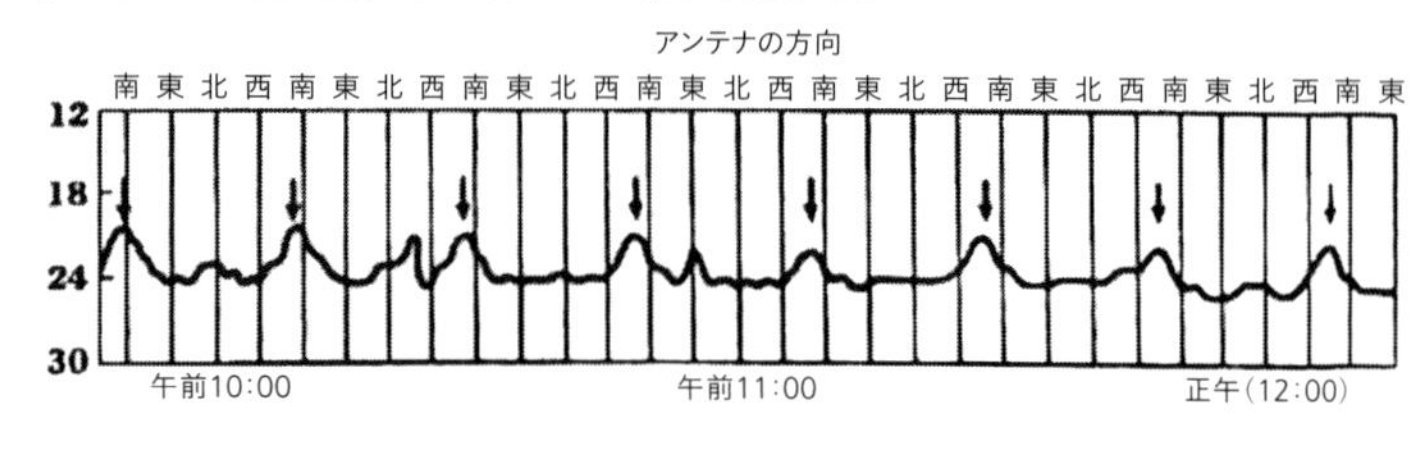

れらに混じって、ある妙に規則的な信号が検出された〔図3〕。メリーゴーラウンドが一周するたびに、ヒス〔受信機の内部雑音に似た高音域の音〕が記録されたのだ。

ジャンスキーの妹によると、ジャンスキーの父は子どもたちを育てるにあたって繰り返し、「あらゆることを調べてごらん！」といっていた。ジャンスキーはその「ヒス」を一年以上調べた結果、二十四時間周期で強くなったり弱くなったりしていることを突き止めた。ひょっとするとこのヒスは、太陽から来ているのかもしれない、とジャンスキーは考えた。太陽は、一日一回わたしたちの頭上を通り過ぎているのだから。だがいつだって、悪魔は細部に宿る。その信号をさらに監視するうちに、問題の周期が二十四時間ではなく、ほんの少し短い二十三時間五十六分であることに気がついた。つまり信号の強い部分が常に同じ時刻ではなく、少しずつ前倒しで現れるのだ。まるで、少しずつ進んでいる時計のようだった。これは妙だなあ……。こうなると、太陽から発せられたものではあり得ない。太陽の巡りが一日より短いはずはないのだから。

一方恒星の巡りは、一日より短い。同僚のある天文学者によると、二十三時間五十六分というのは、まさに恒星が地球のまわりを一周するのに必要な時間だという(恒星が空を一周するのに必要な時間は、太陽のそれよりほんの少し短い。なぜなら、地球と太陽が一年かけて互いのまわりを一周するワルツを踊っているからだ)。この摩訶不思議な電波信号は、恒星から来ているとしか考えられない! どの方向から来ているのかは、簡単に突き止めることができた。問題の信号がもっとも強くなったときに、アンテナが向いている方向にある星から発せられているはずだ。そこで星図を調べてみると、わたしたちのこの銀河の中心から発せられているはずだということがわかった……。

これはじつにセンセーショナルな知らせだったから、とうとうニューヨークタイムズ紙に「新たな電波は、天の川の中央から来ていた」という見出しが躍ることになった。NBC(ナショナル・ブロードキャスティング・カンパニー、アメリカ三大ネットワークの一つ。この当時はラジオのみ)は——何百万人ものアメリカ人が耳を澄ますなか——一九三三年五月十五日に、恒星から発せられたこのヒスを実況中継すると同時に、ジャンスキーにインタビューを行った。「こんばんは、みなさん。今宵(こよい)わたくしたちは、太陽系の外の、さまざまな星の間からやってきた電波信号を生で聴いています」。そしてジャンスキーは聴取者に、この信号はこの銀河の中央からやってきているのだと説明した。アナウンサーは、この信号は、三万光年の彼方からわたしたちに届いているということからして、「途方もなく強力で、地球上のいかなるラジオ放送局のそれと比べても何兆倍も強い」はずです、と述べた。

その五日前に、ナチスはベルリンのオペラ広場（現在のベーベル広場）で華々しく、最大規模の焚書（ふんしょ）を行っていた。燃やされた書物のなかには、ウラジーミル・マヤコフスキー（ロシア未来派の詩人）の作品（「わたしの詩はあなたに届かない……死せる星からの光があなたに届くほどには」〔「声を限りに」より〕）やアルベルト・アインシュタインの著作およびアインシュタインに関する著書が含まれていた。九十年後の今、わたしたちはこれらの著作に記されている着想のおかげで、何百万人ものアメリカ人が耳にしたあの摩訶不思議なヒスの正体を知っている。それは、物質がブラックホールに落下する直前に放射する電磁波なのだ。わたしたちの銀河の中心にある途方もない大きさのブラックホール——大きさは地球を巡る月の軌道の十倍、質量は太陽の四百万倍もあるブラックホール——のまわりで猛烈に渦巻く白熱した物質が放射している電磁波……。

ブラックホールは存在する

わたしは今、この部分の三度目の校正を進めているところなのだが、今日、天文学者たちが一枚の画像を——まさにこのブラックホールの画像を——発表した。そこには、穴（ホール）のまわりで渦を巻きながら燃え上がる物質——百年近く前にジャンスキーのアンテナが捉えたのと同じ電磁波を生み出している物質——が捉えられている。それがこの画像だ［図4］。

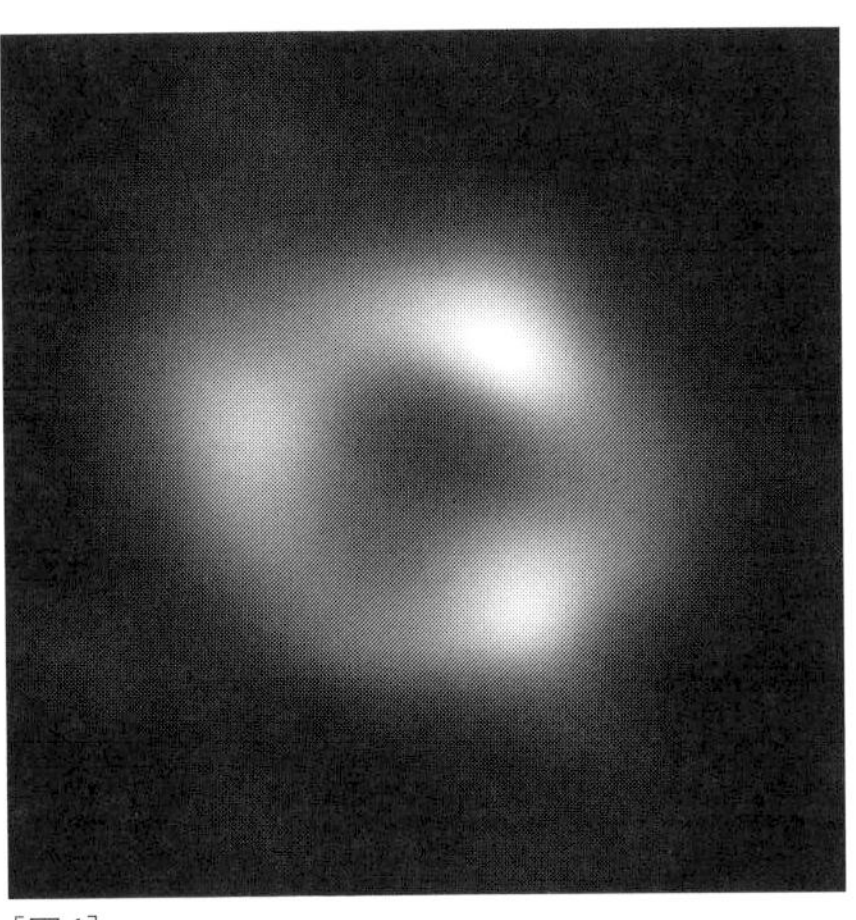

［図4］

こんな画像をこの目で見られるなんて、まさに感動ものだ。これまでずっとブラックホールのことを調べてきたが、じつはほんとうに存在するかどうかもわかっていなかった……それが今、こうしてここにある。これが、目に見える証拠なのだ。学生時代、これらの奇妙な現象に最初に魅せられたときは、こんなことが起きるなんて思ってもいなかったのだが……。

今からほんの二十年前ですら、ブラックホールの存在を疑う人は多かった。二〇〇〇年一月にわたしがアメリカからフランスに拠点を移したとき、新たな所属先の学科長はわたしにこう問いかけた。「きみは、ブラックホールが実際に存在すると、ほんとうに信じているわけではない、よね？」。今では彼も、考えを変えている。こういったからといって、別に彼を非難するつもりはない。むしろここにこそ、科学の美しさが表れている。考えを変えることには何の問題もない。わたしたちはみな、今なお学び続けているのだから。最良の科学者とは、頻繁に考えを変える科学者のことなのだ——かのアインシュタインのように。

先ほどの画像でいうと、中央の黒く小さな円盤が実際のブラックホール、というよりも地平線——わたしたちはブラックホールを囲んでいる奇妙な面をそう呼んでいる——であって、そのまわりを、燃えさかる物質がぐるぐる回っている。

そしてこの地平線が、わたしたちの入り口になる。

第二章　地平線で時は止まるのか

行って、見る

わたしたちは門口である地平線に近づいていく。巨大なブラックホールの地平線で、いったい何が起きているのか。三万光年の彼方に据えられた金属棒の格子でも検出できる白熱した光を放ち、荒々しく渦巻く物質を抜けたその向こうで……。

地平線で何が起きるのかを理解するには、何十年もの年月が必要だった。皆目見当がつかなかったのはアインシュタインだけではなく、長い間、物理学者たちは途方に暮れていた。二十世紀も後半に入るとようやく、地平線の理解が進み始めた。わたしが専門とする領域のかなりの数の同業者たちは、今も地平線を巡る混乱のなかにある（ここでは非難をしていない）。

さあ、行って、見てみよう。

十七世紀の天文学者で、太陽のまわりを巡る惑星の様子を最初に理解した人物であるヨハネス・ケプラーは、『ケプラーの夢』（講談社）という著作で、母親が夢のなかで、太陽系を別の視点から見せようと、自分を空飛ぶ箒（ほうき）に乗せて太陽系を巡らせてくれた、と語っている。

そしてケプラーの母親は、魔術を使った罪で裁判にかけられた。ほんとうに魔女だったのかが気になる方のために言い添えると、その裁判では息子が弁護に立ち、母親は無罪になっている。

おそらくケプラーは、魔女ともいわれた母親のおかげで、行って見てみたい、と思ったのだ。行って、見てみる。それが、科学だ。自分たちが行ったことのない場所に、論理を使って、理（ことわり）を使って、数学を使って、直観を使って、想像力を使って、行って、見る。太陽系を巡ったり、原子の核に向かったり、生きている細胞のなかに入ったり、自分たちの脳のニューロンの渦巻きに踏み入ったり、遠い過去に行ったり、ブラックホールの地平線の向こうに抜けたり……。心の目を用いて、そこに赴き、見る。

地平線の向こう

地球のうえで「地平線〔あるいは水平線〕」といえば、はるか遠くにあってその先を見ることができない線のことをいう。船に乗って水平線に向かって進めば、その線を越えることができる。地平線の向こうに行けるのだ。越えたからといって、何も特別なことは起こらない。単に岸で見ている人々の視界から自分たちの姿が消えるだけのことで、船にはいっさい特別なことは起きない（伝統として、甲板でパーティーを行う船乗りたちは別にして）。

そして驚いたことに、ブラックホールの「地平線」に関しても、これと同じことがいえる。宇宙船に乗って進んでいけば、どこまでも地平線に近づくことができる。地平線に達して、それを越える。特別なことは、何も起きない。時計はいつも通りの速さでチクタクと時を刻み、周囲のさまざまなもの同士の距離も変わらない。

ただし、海を行く船と同じように、遠くから見ている人にはわたしたちが見えなくなる。わたしたちは、彼らの地平線の向こうに行ったのだ。光を使って外に向かって信号を送ろうとしても、光線は外に出ていけない。地平線の殻に閉じ込められたままなのだ。もはや、遠くの友達に手を伸ばすことはできない。地平線の内側では重力があまりに強く、すべてが閉じ込められている——光ですら。

ではなぜ、シュワルツシルトの見つけた解が、地平線では時計が止まって空間がばらばらになることを指し示し、アインシュタインをはじめとする誰もが戸惑うことになったのか。地平線を越えることができてその先も何も変わらないということは、シュワルツシルトの解が間

［図5］

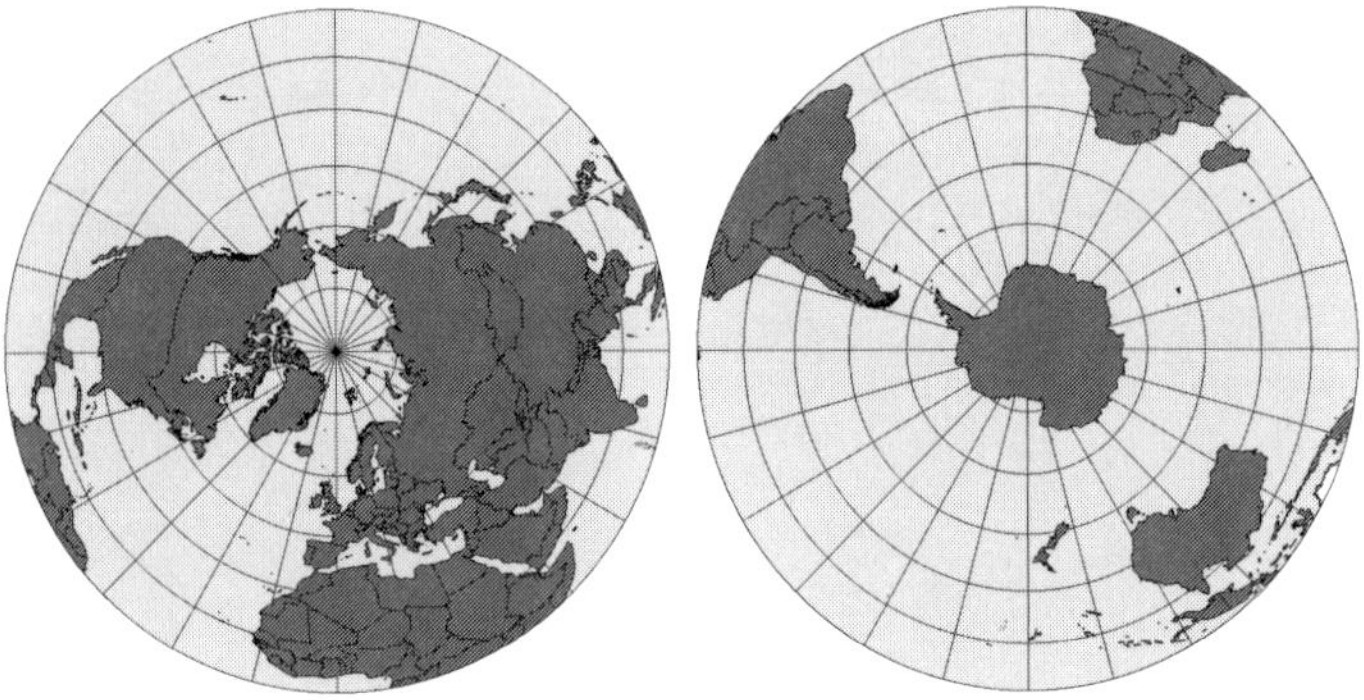

違っている、ということなのか。

決して間違いではない。ただ単に、地平線から遠く離れたところにいる人の視点で書かれている、というだけのことだ。シュワルツシルトの解は、いわば地平線の外側の空間を描いた地図なのだ。

ご存じのように地図では、奇妙なことが起きる。今、地球を二枚の円盤で表した地図を見てみよう［図5］。

この地図では、赤道がひどく奇妙な具合になっている。まるで世界の縁のように見えるのだ。現実には、この世界の縁でないことは明らかで、（暑さを除けば）赤道では何も特別なことは起こらない。地球の表面が平らでないので一枚の地図にはうまく収まり切らない、というだけの話であって、別に地図の縁で地球が終わっているわけではない。時空もまた平らではないのでやはり一枚の地図には収まり切らない、というだけの話であって、これまたシュワルツシルトの解の縁で終わっているわけではない。

ところがアインシュタインをはじめとする全員が、そう思い込んでしまった。つまり、解の解釈を誤ったのだ——先ほどの左側の地図を見て、地球は赤道で終わっている、と推断する人のように。何十年にもわたって、何十人もの傑出した科学者たちが、このような間違いを犯してきた（そして未だに、もっとも著名な科学者のなかにもそのような混乱を引きずっている人がいる）。

なぜそれが間違いだとわかるのか。実際にブラックホールの地平線に赴いて、そこで起きていることを自分の目で見たことがある人間など、一人もいないはずだが……。

確かに、誰もそこには行ったことがない。だが、わたしたちにはあの理論がある。シュワルツシルトの解を生み出したのと同じ一揃いの方程式を使えば、地平線に近づいたときにどのようなことが起きるのかを計算できる。しかもその作業は難しくもなんともなく、わたし自身が学生に一般相対性理論を教えるときに、この計算を練習問題にするくらいのものなのだ。そうはいっても、そもそもそのような計算を企ててその意味を理解する人物が現れるには、それなりの時間が必要だった。

［図6］デヴィッド・フィンケルシュタイン

過去と未来の非対称性

その計算を初めて行ったのは、デヴィッド・フィンケルシュタインだった［図6］。一九五八年（当時わたしは二歳）のことである。フィンケルシュタインはひじょうに洗練された科学者で、科学だけでなく政治や芸術や音楽にも関心を持っていた。深く斬新な思考の持ち主だったが、二〇一六年にこの世を去っている。幸運なことにわたし自身は晩年の彼——預言者のような長いひげを蓄え、寛ぎながらも神官を思わせるたたずまいの人物——にじかに会うことができた。彼は、新たな思索の小道や展望を切り開いてきた数少ない科学者の一人だった。わたしたちはこの物語の少し先のほうで、再び彼と出会うことになる。

フィンケルシュタインは一九五八年にじつに華麗な論文を発表し、地平線の性質を解明してみせた。論文の表題は、「点粒子の重力場の『過去―未来』の非対称性」[1]。いかにも学術論文らしい響きを持つ題名だが、どうか記憶にとどめておいていただきたい。なぜならここにある「過去と未来の非対称性」という着想こそが、わたしたちの物語の要石になるからだ。

フィンケルシュタインの計算によると、わたしたちがブラックホールの地平線に近づき、さらにその先に行ったとしても、わたしたちの腕時計は遅くならず、自分たちのまわりの空間に奇妙なことはいっさい起きない。ちょうど、船が水平線を越えて視界から消えたとしても、何も特別なことが起きないように。

地平線で、何が起こるのか

ではなぜ、シュワルツシルトの解では時計が止まるのか。

なぜならシュワルツシルトの解は、はるか遠くから見たときに、地平線で起きることを記述しているからだ。はるか遠くからだと、時計はすべて遅れてゆき、地平線に到達した瞬間に止まるように見える。しかも、これら二つの見え方にはいっさい矛盾がない。

今自分たちが旅をしていて、行く手の国々では次第に郵便が遅くなっていくとしよう。旅の道すがら、毎日家に――父に――宛てて一通手紙を送る。すると父が受け取る手紙の間隔は、だんだん長くなっていく。なぜならわたしたちが次に到着する国では、郵送にさらに長い時間がかかるからだ。このとき父の目には、わたしたちの動きが遅くなっていくように映る。はじめは毎日わたしたちからの手紙を受け取っていたのが、そのうちに何日か待たねばならなくなり、ついにはたった一日のことですら、数週間待たなければわからなくなる。父にとっては、まるでわたしたちの生活自体が減速しているような具合で……。

やがてわたしたちが郵便などまったく存在しない砂漠に辿(たど)り着くと、父にとっては、砂漠に入る直前に書いた手紙を最後にわたしたちは音信不通となる。しかもその手紙は、投函されたはるか後になって届く。このため父にすれば、その砂漠の縁が父にとってのわたしたちの時間が止まる場所——そこを越えたとたんに父からは見えなくなる地平線——になる。そして父の目に映るわたしたちは、いつまで経っても「砂漠の縁で凍り付いたまま」なのだ。

わたしたちがブラックホールの地平線を越えると、これと同じようなことが起きる。地平線に向かって進んでいくわたしたちを父が見ていたとすると、その目に映るわたしたちの時計は徐々に遅れていく。なぜならわたしたちが地平線に近づくにつれて、そこからの光が父に届くまでの時間が長くなるからだ。光は重力に邪魔されて地平線の近くでぐずぐずした挙げ句、やっとのことでそこから逃れる。父がさらに見守っていると、わたしたちの人生の一瞬一瞬がだんだんゆっくりになってゆき、ついに止まってしまう瞬間——わたしたちが地平線を踏み越える直前の、時計の針の最後の刻みとともに止まってしまう瞬間——を目の当たりにすることになる。

砂漠でも、ブラックホールの地平線の向こうでも、わたしたちは変わらず存在し続けている。ところがわたしたちの父は——どんなに長い間待とうとも——もはやわたしたちから何も受け取ることはない。

要するに**地平線を踏み越えた人々にとっては**、時間は止まらない。遠くから見ている人にとってのみ、地平線の近くで起きることが劇的に遅くなるように見えるのだ。

時間は重力によって歪む

砂漠に近づきながら投函されていく手紙になぞらえるというのは、なかなかうまいやり方だが、全面的に正しいわけではない。なぜなら、砂漠への旅と地平線への旅には一つ違いがあるからだ。わたしたちがどんどん進んで砂漠に入ってしまうのではなく、途中で引き返して父とハグを交わしたとすると、父を最後に見てから再び会うまでに過ぎた時間は、双方にとって同じになる。父が一歳年を取っていれば、わたしたちも一歳年を取っている。

ところがブラックホールの地平線の近くでは時間が歪むので、かなり話が違ってくる。これは、次のような意味で具体的な事実なのだ。今かりにわたしたちが地平線に近づいて、そのそばでしばらくぐずぐずしてから引き返したとすると、最後に父に会ってから再び会うまでのわたしたちにとっての経過時間は、父にとっての経過時間より短くなる。つまり父は、わたしたちより余計に年を取っていることになるのだ。

これは、視点の違いによって生じる現象ではなく、重力がもたらす本物の時間の歪みであって、この意味で、重力が強い場所では弱い場所よりゆっくりと時間が過ぎる。つまり時間は実際に、異なる場所では異なる速度で過ぎるのだ。

時空が「曲がっている」という言い回しが意味するのはまさにこのことで、地平線の近くでは時空が少なくなっており、そのためちょうど編み物の目を減らすとその部分が歪むように、時空が「曲がる」。

「本物」の時間は存在しない

要するに、ブラックホールの地平線に近いところで時間がゆっくり流れるということは、遠くで観察している人にわたしたちがゆっくり動いているように見えるのと同時に、わたしたちがその人たちのいる場所に戻ったときに、遠くにいた人にとっての経過時間がわたしたちにとっての経過時間より長かった、ということでもある。だがその一方で見方を変えると、時間は決して遅くなってはいない。なぜなら地平線にいるわたしたちには、時間の遅延は感じられないのだから。わたしたちにすれば、時はいつも通り流れている。

親愛なる読者のみなさんはおそらくこの時点で、これら二つの異なる時間のどちらが「本物」なのか、といぶかっておいでだろう。地平線にいる者にとっての時間が本物なのか、それとも、遠くから見守っている者にとっての時間が本物なのか。答えは……どちらも「本物」ではない。アインシュタインの革命がもたらしたもの——それは、どの時間が本物の時間なのかという問いは意味を成さない、という認識だった。ちょうど、地球のどの地域がほんとうに「上」にあって、どの地域がほんとうに「下」にあるのか、という問いが無意味であるように。おのおのの場所に対して、この場所は上になり、それ以外の場所は下になる。地球上のそれぞれの場所に対して、異なる「上」と「下」が定まるのであって……それは、視点がもたらす違いでしかない。同様に、宇宙のすべての場所に固有の時間がある。異なる場所の間で——ちょうどわたしたちの銀河の中心にあるブラックホールが発するヒスのように——互いに信号を送ることはできたとしても、異なる場所での時間は異なる速度で過ぎており、それらの時間のなかのどれかがほかより「本物」であるわけではないのだ。

言い換えると、地平線の近くで時間が遅くなるというのは、互いに異なる場所での時間の流

［図7］

れ方、それらの様子の関係のみに関わる現象なのだ。地平線での時間は、遠くの観察者にとっての時間との関係においてのみ、ゆっくりになったり止まったりする。

この世界は、これらのさまざまな時間の間の関係によって編み上げられている。普遍的な時間はどこにもない。たくさんの局所時間と信号の交換可能性が形作るネットワーク、それがこの現実なのだ。地平線は、近くで見ればどうということもない場所だが、遠くから見ると時間が止まる場所になる。

このことを、デヴィッド・フィンケルシュタインは理解した。

フィンケルシュタインは、ルネサンスの著名な遠近画法の達人アルブレヒト・デューラーの手になる一枚の銅版画を巡る論文をまとめている。[2]

版画の題名は「メランコリアI」。じつに複雑で象徴的な意味合いに充ちた作品だ［図7］。

思うに、ブラックホールの地平線を最初に理解した人が、特に数学の専門技能に秀でていたわけではなく、アルブレヒト・デューラーやルネサンスの遠近法に関する論文をまとめ得る人物だったというのは、決して偶然ではない。

絵画において遠近法という手法が発見されたのは、ルネサンス期のことだった。それはまた、現実に対するわたしたちのアプローチ全体が視点に依拠している、ということが明らかになった時代でもあった。フィンケルシュタインによれば、この版画が多義的なのは、さまざまな視点間の不可避な曖昧さを反映し、表しているからだ。この版画には絶対的な真と美を手に入れようと空しく試みる人々の憂鬱（メランコリー）が見事に描き出されている、と彼は読み解く。デューラーにすれば、そしてフィンケルシュタインによれば、絶対的なものを決して手に入れることができないからこそ、わたしたちはメランコリーになる。

だがわたしは、メランコリーにはならない。むしろそこからは、心地よい目眩（めまい）が生まれてくるような気がする。いかにも軽やかな、わたしたち自身がその一部であるこの現実の、夢のような繊細な手触りの矛盾から来る目眩いが。

わたしたちが手に入れられるのは、何らかの視点から見た事物の様相だけだ。ひょっとすると現実は、事物の様相以外の何ものでもないのかもしれない。絶対的なものは、存在しない。

わたしたちは限られた、儚い存在なのだ。まさにそれゆえに、生きることは――今あるわたしたちのように存在することは――かくも軽く、甘やかなのだ……。

第三章　不穏なる時間の相対性

わたしたちは今まさに地平線を越えて、内側からブラックホールを観察しようとしている。だが中に踏み込む前に、少々寄り道をしたい。先を急ぎたい方々は、この章を丸ごと飛ばしていただいてかまわない。

今はまだ、地平線に近づいてはいるが、越えていない。ところがすでに、なにやら不穏なことが起きている。それが、時間の相対性だ。これは確固たる事実なのだが、咀嚼（そしゃく）するのは難しい。ひょっとすると、この旅の最大の難所かもしれない。

ダンテもまた最大の困難に遭遇した後に——それは、三匹の獰猛な野獣として現れた——、ようやく運命を決する地獄への敷居をまたいだ。旅人はみなそうだが、彼も、馴染んだ道を捨て去るという最初の一歩がもっとも困難であることを知っていた。

時間の相対性という奇妙な着想は、いったいどのようにして生み出され、受け入れられるようになったのか。

このような概念の飛躍は、決して現代科学だけのものではない。むしろこれらの飛躍が集まって深い流れとなり、現実をよりよく理解しようとするわたしたちを後押ししてきた。わたしたちはそのようにして、真摯に学ぶ——自明と思われる基本的な着想の一部を変えることで……。

知識を捨て去ることは難しい

わたしたちは〈二千年前に〉大地が球形であることを、そして〈五百年前には〉地球が動いていることを突き止めた。これらは、一見すると筋の通らない見解だ。なぜならわたしたちが目にしている地球は、平らでゆるぎないから。これらの見解を咀嚼し消化する際に障害となるのは、新たな概念を理解することではなく、どこからどう見ても正しいとしか思えない従来の概念から解き放たれることなのだ。昔からの考えを疑うなんてあり得ない、と思えてしまう。わたしたちは常に、自身の生来の直感は当然正しいと思い込んでいて、その確信がさらなる学びを妨げる。

困難は、知識を獲得することにではなく、捨て去ることにある。ガリレオの偉大な著作『二大世界体系についての対話』〈三人の人物による四日にわたる議論の形をとっている。邦訳は『天文対話』

（青木靖三訳、岩波文庫）など）の本文のほぼすべては、地球は回っていると主張することにではなく、地球が回っているなんてあり得ない、という根深い直感を打ち砕くことに捧げられている。*

時間の相対性に辿り着くには、二千五百年にわたってこのような概念の飛躍が何度も繰り返されてきた。ここではそれらを、その間の思索をざっと俯瞰する形で要約しておく。

（1）

まず（紀元前六世紀に）登場したのが、アナクシマンドロスである。太陽や月や星が自分たちのまわりを回っているのであれば、地球の上だけでなく、下にも空っぽの空間が存在するはずだ。したがって地球は虚空に浮いている。

＊ 事実ガリレオは、地球は静止しているに決まっている、という考えを見事に粉砕し終えた後も、地球が動いていることの立証を、この著作の最後の「日」まで先送りしている。しかもその論証は……間違っていた。

［図8］

（2）

（紀元前四世紀の）アリストテレスは、月の蝕（しょく）を観察し、月の輪郭は地球が作る影の輪郭よりほんの少しだけ小さいということを突き止めた。つまり月は巨大な天体であって、地球よりほんの少し小さいだけなのだ。

（3）

（紀元前三世紀の）アリスタルコスは、月が下弦か上弦のときには、天空の月と太陽が成す角度（α）がほぼ直角であることに気がついた［図8］（容易にできることなので、弦月の時に、実際に測ってみていただきたい）。したがって、太陽と地球と月が成す三角形の二つの角は（月がちょうど半分だけ照らされているのだから）ほぼ直角である。

ところが三角形の二つの角がいずれも九十度に近い場合、その頂点はひじょうに遠いところにあるはずだ。よって太陽と地球の距離は、地球と月との距離よりはるかに大きくなければならない。ところが天空の太陽と月はほぼ同じ大きさに見える。ということは、太陽は月よりはるかに大きく、ここから、太陽は途方もない大きさで地球よりはるかに大きいということがわかる！　したがって小さな地球が巨大な太陽のまわりを回っているのであって、逆ではないと考えるのが理に適（かな）っている。アリスタルコスは二千三百年前に、このように推論した。

（4）

（十六世紀の）コペルニクスや（十七世紀の）ケプラーが登場すると、ようやくこのような思考法が惑星の動きを説明する際に威力を発揮するようになる。それでも人類が、自分たちの直感に反して地球はじつは動いている、と納得するには、（やはり十七世紀の）『二大世界体系についての対話』におけるガリレオの雄弁の力が必要だった。

（5）

史上もっとも優れた科学者である（十八世紀の）ニュートンは、コペルニクスやケプラーやガリレオの業績のうえに近代物理学を構築した。彼は、地球をはじめとする惑星がなぜその軌道にとどまっているのかを問うた。そして、あらゆる物体は、（彼自身の考えた）ユークリッド幾何学で記述される物理空間において、（ガリレオが考えた）一定の速さで、（アリストテレスが考えた）「自然な動き」をするのだが、それらは「力」によって偏向する、と考えた。そしてじつに見事な数学の腕を振るって、惑星や月をその軌道にとどめている力と、自分たちを下に引っ張っている「重力」が同じであることを示した。ニュートンという天才の一撃、それは、遠く離れたところから作用する「力」を考え出したことだった。この物理世界に、飛んでいったり衝突したりする有形の物体以外の何かが存在することを見抜いたのだ。

（6）

（十九世紀に）電気および磁気の力について研究していたファラデーとマクスウェルは、力は瞬時には伝わらない、ということに気がついた。原因と結果の間に遅れがある。電磁波の一種である光が移動するには、時間が必要なのだ。光は素早く遅れはわずかだから、ニュートンはほぼ正しかった。結果はほぼ同時に生じる。しかしまったくの同時ではない。空間にあまねく広がる「何ものか」が、ある物体から別の物体へと漸次、力を伝えるのだ。ファラデーが直感的に摑んだこの「何か」を、わたしたちは「場」と呼んでいる。電気的な、磁気的な、重力的な場が、力を伝える。マクスウェルは、電場と磁場の方程式を書き下した。

（7）

（二十世紀の）アインシュタインは、マクスウェルの方程式に対応する重力場の方程式――シュワルツシルトが解を発見したあの方程式――について調べるなかで、たまたまあることに気がついた。それは、地球が何の支えも必要とせず虚空に浮いている、というアナクシマンドロスの発見以降、もっとも壮大な発見だった。すなわちアインシュタインは、定規と時計で測った時間と空間の幾何学は、重力場――すなわち重力を伝える場――によって定められるということに気づいたのだ。したがって重力場の方程式は（じつは同一のものである）空間と時間の歪み具合をも記述している。つまりこれが重力なのだ。重力とは、物体の影響による時間と空間の歪みであって、その歪みには先ほど述べた時計の遅延も含まれる。

このようにして人類は、時間の歪みを理解するに至った。

地球の質量は、その近くでの時間を遅らせる。それはほんのわずかな遅れだが、正確な時計を使えば計ることができる。そのいちばん目立つ結果が、わたしたちにもっとも馴染みのある力――重い物を落下させる重力――なのだ。つまり落下は時間遅延の直接の結果であって、詳細を語るとなると多少の数学が必要になるが、石が落ちるのは、まさにその石が、局所的な時間遅滞によって歪められた時空の「まっすぐな〔最短の〕線」に沿って進むからなのだ。

この驚くべき着想――重力は空間と時間の歪みによってもたらされるという考え――こそ

が、アインシュタインの一般相対性理論なのである。こうなると、それまで自明に見えていたことが怪しくなってくる。物理空間の幾何学は自分たちが学校で習ったユークリッド幾何学に相違なく、時間はどこでも同じ速さで過ぎていく、というのはほんとうなのだろうか。アインシュタインのこの着想は（アナクシマンドロスの着想のように）きわめて単純でありながら、（やはりアナクシマンドロスの着想のように）不穏でもある。

以上で、寄り道はおしまい。*

＊ 理論物理学史を極端に凝縮したこの記述がちんぷんかんぷんでも、まったく問題ない。この先を読み進めるにはいっさい不要だから。この物語に関心を持たれた方は、拙著『すごい物理学講義』（河出書房新社）の詳細を参照されたい。

第四章 内側に行って、見る

というわけで、さあ、行きますよ。わたしたちは今、地平線の際にいる。この境界を越えていこう。フィンケルシュタインのおかげで、世界がそこで終わっているという心配はない。陰鬱な忠告——ここに入る者たちは、すべての望みを捨てよ*——が不当な脅しであることが明らかになるのは、これが初めてではない。

さあ、中に入ろう。未知に向かって我が身を投げ出す人々の勇気を持って。ほら、オデュッセウスの言葉が聞こえてくる……「太陽のそのまた向こうの、誰もいない世界に直に触れる機

* ダンテ・アリギエリ『神曲』第一部「地獄篇」の第三歌より。この言葉は地獄の門に書かれていて、ちょうど今日の多くの教科書がブラックホールの地平線を越えたものは二度と光を見ることができない、と言い渡しているように、地獄に入るすべての人を脅している。それでもダンテは門をくぐり、長い旅の後に、生きてそこを出た。だから、どうかご心配なく。わたしたちもまた、生きて戻ってこられるのだ——ホワイトホールを経由して。

会を逸するなかれ。きみたちの始まりを考えてみよ。獣となるために作られたのではなく、徳と知を追求するために作られたのだから」[*]。そして、オデュッセウスの仲間のように、櫂を己の翼として、この狂った飛行を続けるのだ。

わたしたちは今、ブラックホールの中にいる。ダンテのように隠されたものの[**]中に入ったのだ。

優れた星図のおかげで（内側からも星は見える）、わたしたちにもはっきりわかる——その先ではもはや家に手紙を送れなくなる、そのような敷居を越えたということが。立ち止まって引き返すには遅すぎる。地平線を越えると、光ですら逃れられなくなり、わたしたちがそこから逃げ出すチャンスは、光のそれよりさらに小さくなる。いかに多くの強力なロケット・エンジンがあったとしても、今や中心に向かって落ちていくしかない。

再び外に出るには、別の道を取らなければならない[†]。

少し注意すれば、自分たちがブラックホールの中にいることがわかる。外側と同様、内側の空間も地平線を境とする球の形になっているが、これが外側なら強力なロケットを用いてより大きな球へと（上に向かって）動ける。これに対して内側では、どう頑張ってもより小さな球に入っていくしかない。わたしたちを下へと引っ張る重力はきわめて強く、落ちていくのを止

［図9］ある瞬間のブラックホール

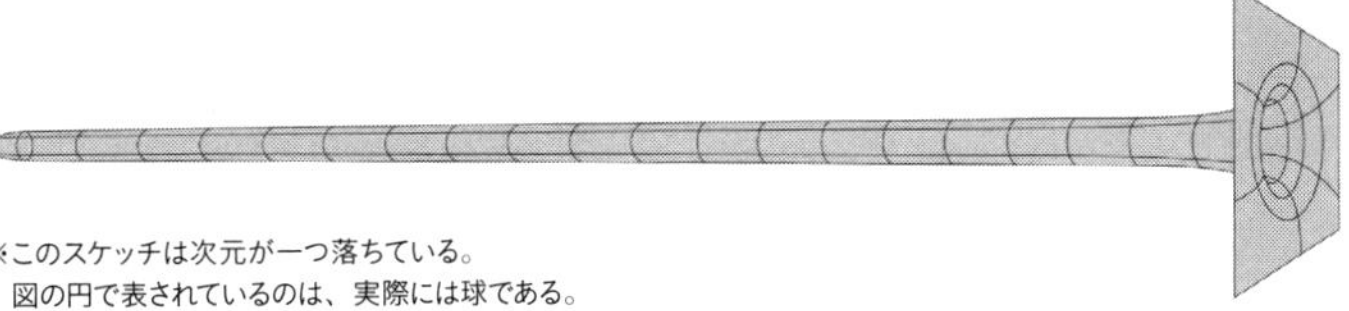

※このスケッチは次元が一つ落ちている。
図の円で表されているのは、実際には球である。

めることはできない。

幾重にもなった地獄の円の中のダンテとヴェルギリウスのように、わたしたちは降りていく。

驚いたことにブラックホールの内部――下方の盲目の世界‡――の空間の幾何学は、ダンテの地獄とじつによく似ている。

ここで、一本の漏斗（じょうご）を思い浮かべてみよう。ひじょうに長い漏斗だ。ブラックホールはどの瞬間においても、この漏斗のようなものと見なすことができる。[3] ブラックホールが古ければ古いほど内部は長く、きわめて古いブラックホールの内部は何百万光年もの長さになっ

＊　地獄篇XXVI　ダンテはオデュッセウスに出会う。オデュッセウスはこれらの言葉を用いて、新たな冒険を始めようと仲間に呼びかける。

＊＊　地獄篇III　地獄に入るときにダンテが地獄を形容した言葉。

†　地獄篇I　ヴェルギリウスはダンテにこのような言葉で、再び戻るには（地獄と、煉獄と、天国を抜ける）長い道を行かなければならないことを告げた。

‡　地獄篇IV　今まさに入ろうとしている地獄を形容したヴェルギリウスの言葉。

［図10］底には自壊してブラックホールを生み出した星が存在する

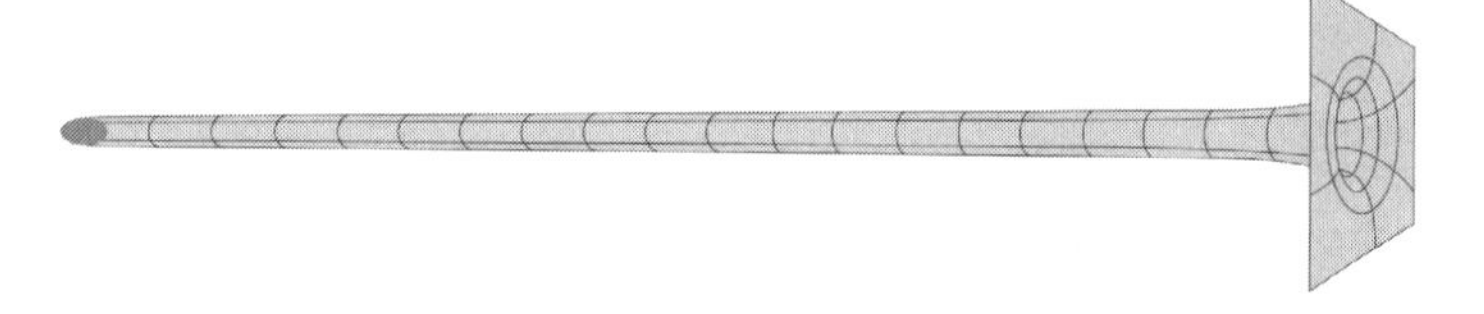

ている。ここに描かれているのは、ある瞬間のブラックホールの内側の想像図である［前ページ、図9］。

ブラックホールがどんなに巨大であろうと、漏斗の長さは無限ではない。その底には今なお、自壊してブラックホールを生み出した星が存在している［図10］。

ただしダンテの地獄と違って、――わたしたちの知る限り、地獄は不変だが――この漏斗は時の経過とともにどんどん長く、細くなる。

この事実を説明するために描いたのが次のページの図で、各漏斗は連続する各瞬間のブラックホールの内側を表している［図11］。これらのスケッチでは――物理学者の習慣に従って――下から上に時が流れる。なぜそういう習慣なのか、わたしは知らない（おそらく地質学者から借用したのだろう。彼らは常に過去を下にする。なぜなら地面の下では、より古い層が下にあるからだ）。したがってこれらのスケッチは、下から上に読まなければならない。上がるにつれて、筒は長く、細くなってゆく。

［図11］ブラックホールの筒は細く長くなる

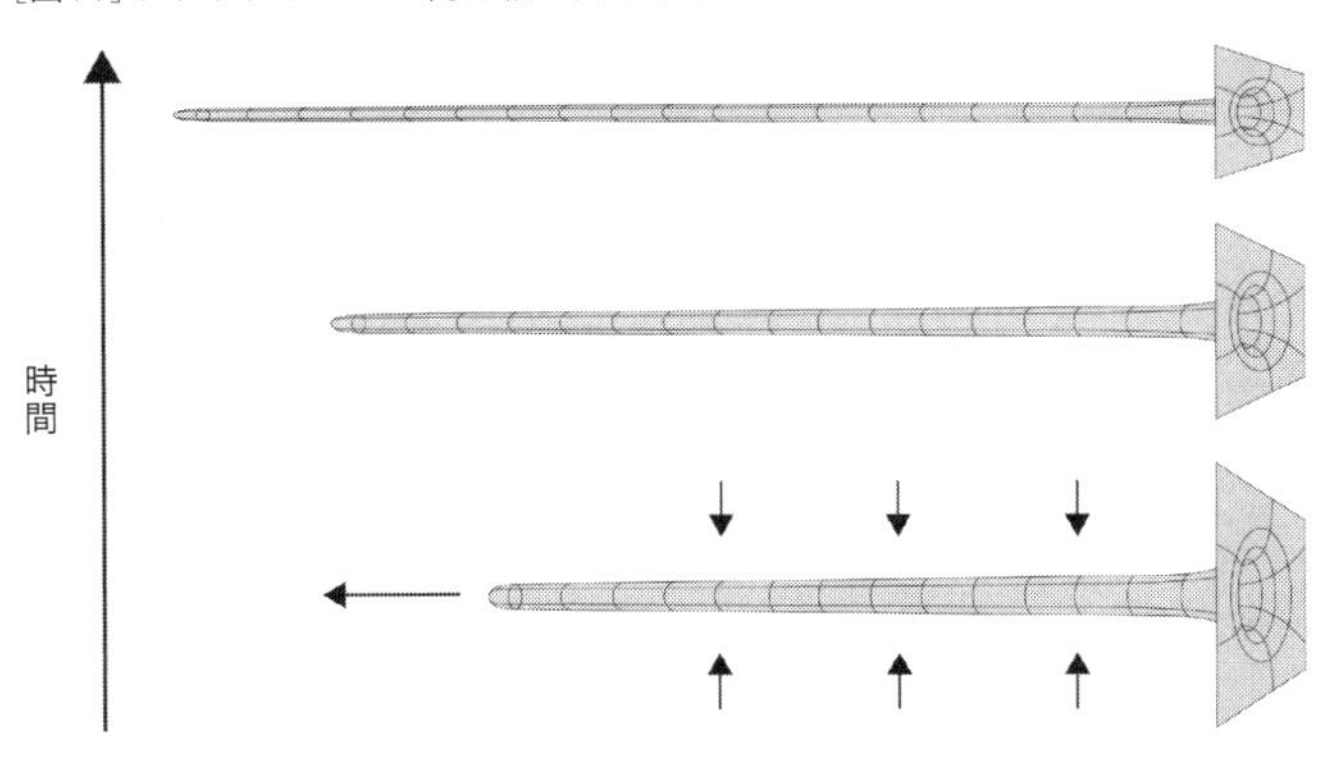

わたしたちがブラックホールの内部を降りていくのであれば、各瞬間にわたしたちはこの漏斗のどこかにいて、どんどん下に降りていく——こんなふうに［次ページ、図12］。

これが、ブラックホールの内側の空間の形である。わたしたちが落ちていくにつれて、果てしない淵（暗く、深く、霧が立ちこめていた）*は次第に狭まり、しかしわたしたちは決して底に辿り着けない。底には、そもそものブラックホールを生み出した星が落ちているはずなのだが……。

なぜそのようなことがわかるのか。誰かがブラックホールの内側に行って、目で見て、戻ってきて、その様子を語ったわけでもないのに……。なぜわかるのかというと、ブラックホールの内側はアインシュタインの方程

＊ 地獄篇IV

［図12］わたしたちは下へ下へと落ちていく

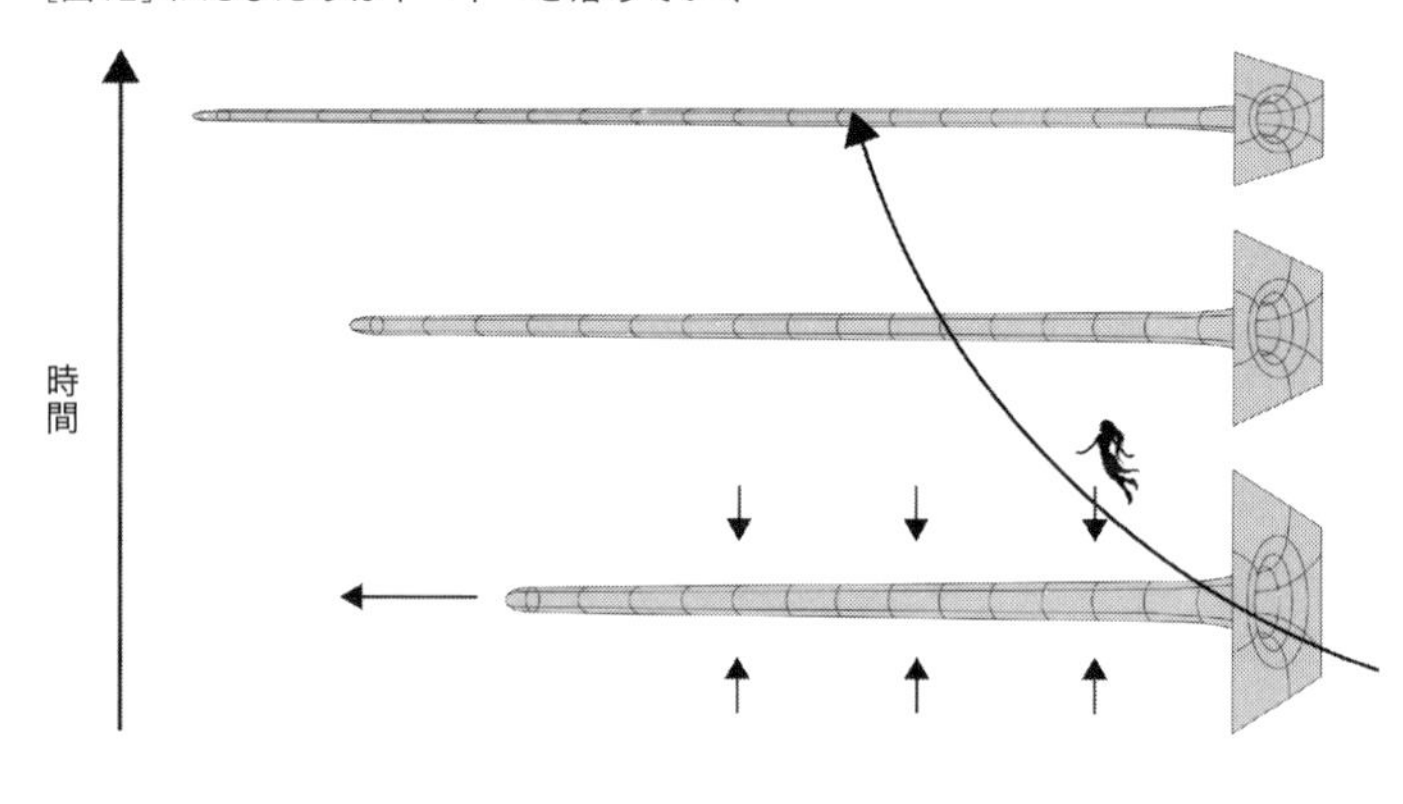

式で完璧に説明されているからだ。何か疑いを抱かせるようなことが生じるまでは、これらの方程式を信用するしかない。というのも、これらの方程式に基づく予測は――じつに壮大で、まったく意外だったのだが――今のところすべて正しいことがわかっているからだ。

　これらの方程式は、わたしたちの信頼できる道案内であって、ダンテにとってのよきヴェルギリウス――わが導き手、わが主人、わが師匠たるあなた*――のように、どんどん下へ、盲目の世界へと向かう道をわたしたちに指し示してくれるのだ。**

* 地獄篇 II
** 地獄篇 IV

第五章　量子効果と特異点

しかしどんなに信頼のおける道案内であろうと、遅かれ早かれ不足は生じる。決まって、わたしたちに疑いを抱かせる何かが起きる。中国は唐代の偉大な禅宗の師、臨済義玄（りんざいぎげん）〔臨済禅の開祖〕の言葉を借りれば、「逢佛殺佛（仏に逢うては仏を殺せ）[4]」（仏にすら執着すべからず）なのだ。

わたしたちが落ちていく奥底には、時空の歪みが途方もなく激しくなっている領域がある。そしてそこでは、量子効果が介入してくるはずだ――極端な状況では常にそうであるように。アインシュタインの方程式は、このような現象を考慮していない。無視している。したがってこれらの領域ではもはや役に立たなくなり、わたしたちは道案内を失う。

実際、どこかの時点でアインシュタインの方程式が役に立たなくなることは間違いない。なぜならこれらの式に頼り続けていると、馬鹿げたことが起きるからだ。これらの方程式によると、やがて幾何学は無限に歪み、もはや式自体が成り立たなくなる。方程式の変数の値は無限大になって――それ以上進めなくなる。信頼できる我らが道案内であるアインシュタインの理

［図13］ブラックホールの真ん中は図の濃い灰色部分

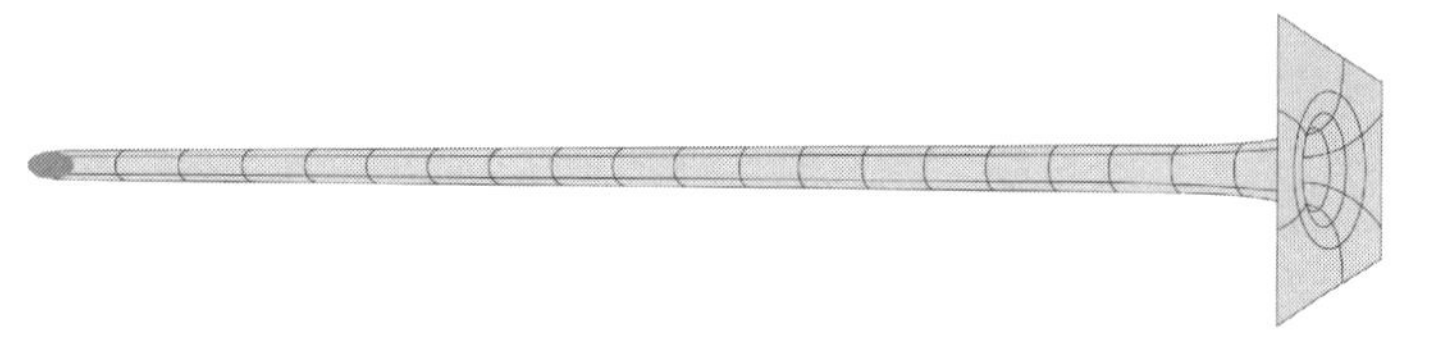

論は、もはやわたしたちを助けてくれない。わたしたちはこれらの尖っていたり折り重なったりしている領域を、「特異点」と呼んでいる。

だがここでも、悪魔は細部に宿っている。今、方程式が厳密にはどこで成り立たなくなるのかを見てみよう。くれぐれも慎重に！　科学者たちは、この細部でもっとも激しく混乱したのだから。今でも多くの科学者が——最良の科学者の一部ですら——困惑している。そしてこの部分の詳細を明らかにしたからこそ、ハルとわたしは袋小路を抜け出すことができた。

奇妙なことは漏斗の底で起きる、と考えるのが自然な気がする。ブラックホールの真ん中の、図の濃い灰色の部分で［図13］。

だがじつはそうではない。漏斗の中央には落ち続ける星があるだけで、わたしたちは特異な領域には入らない。そこではまだ、方程式が成り立っているのだ。

なぜそんなことがあり得るのか？　わたしたちが入ったのがきわめて古いブラックホールだとすれば、かなり前に星は落ちるのをやめているはずなのでは？　崩壊してから、ずいぶん長い時間が経っているわけで……。自壊した星は、ごく短時間のうちに凝縮して点になる。であるならば、こんなに長い時間が経ってもまだ漏斗の底にあって、相変わらず落ちている最中だなんて……そんなことがあり得るのだろうか。

問題の核心は「時間」

時間……それが常に問題の核心となる。誰かにとっての「長い時間」が、別の誰かにとっても「長い時間」であるとは限らない。わたしたちにとって「長い時間」だからといって、その星にとっても「長い時間」だとはいえない。もっとも深い奥底の部分では、時間は途方もなく遅くなっている。外側で何百万年経ったとしても、奥底では一秒に満たず……星は長い漏斗の底で相変わらず落ち続け、漏斗自体もどんどん伸びて細くなっていく。[5] なぜなら星の時間では、まさに一瞬、ごく短い時間しか過ぎていないから。ということは、歪みが無限大になる領域——アインシュタインの方程式が成り立たなくなる興味深い領域——は……そこではない！

だったらどこなのか。

その場所は、未来にある。それは、先ほどの図に描かれた時間枠の後の、次ページの図の濃い灰色の領域で生じるのだ［図14］。

[図14]濃い灰色の領域で歪みが激しくなる

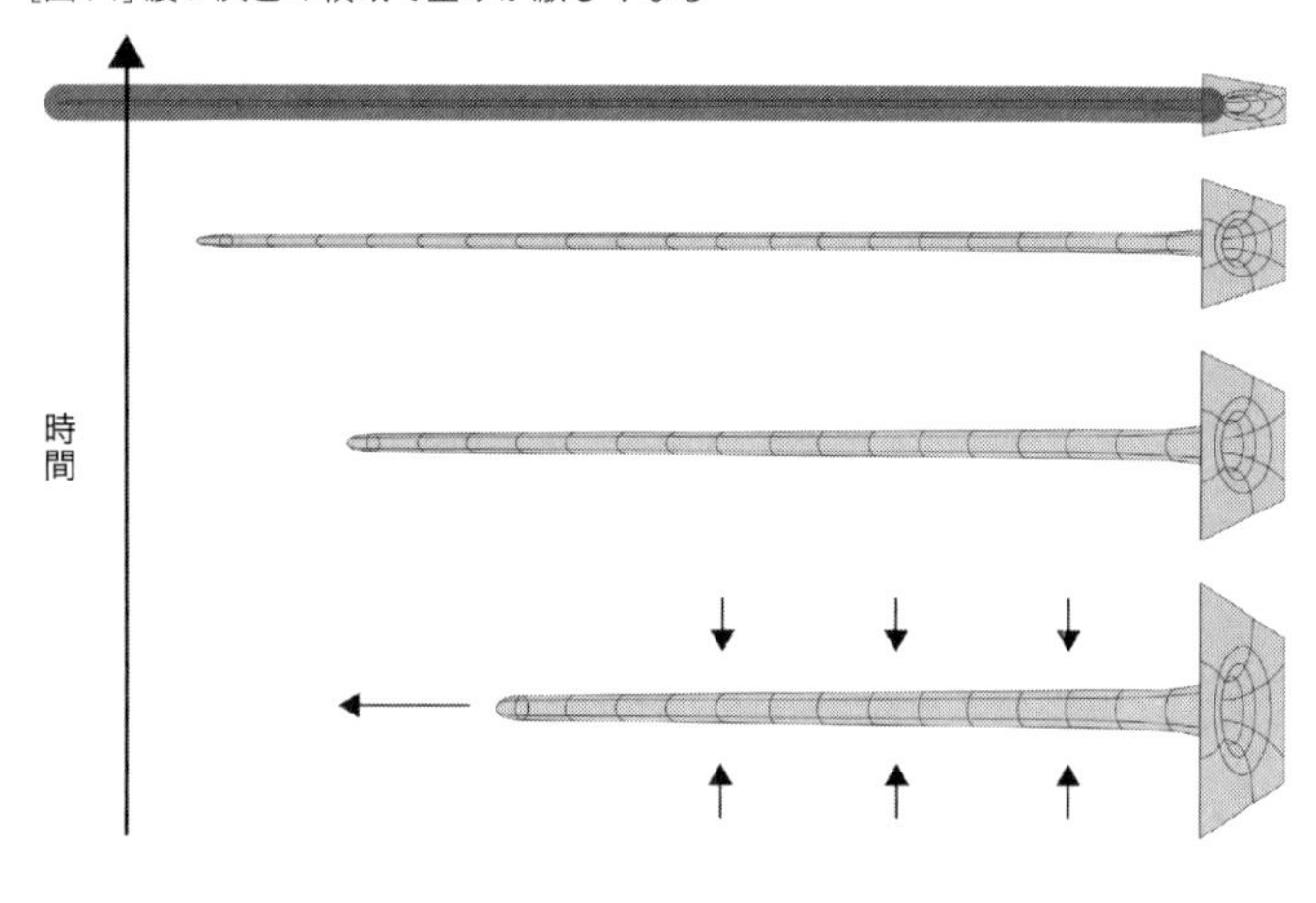

漏斗の差し渡しが小さくなると――紙を筒状に丸めてどんどんきつく巻き上げていったときのように――円筒形の部分の湾曲はきつくなる。つまり、漏斗が細くなればなるほど、時空の歪みは激しくなるのだ。そしてついにそれが決定的な「プランクスケール」[6]――このスケールになると、空間にも時間にも量子現象の深刻な影響が出るとされている――に達すると、わたしたちは、量子現象によってアインシュタインの方程式が破綻する領域に突入する。* それが、上の図の濃い灰色の領域なのである。

　かりに量子現象を無視してアインシュタインの理論を信じ続けると、この方程式から、空間はどんどん押しつぶされてついに悲劇的な結末に至る、という予測が立つ。細く長い筒はさらに細く長くなってゆき、ついには絞り込まれて一本の線

［図15］空間はつぶれて一本の線になる

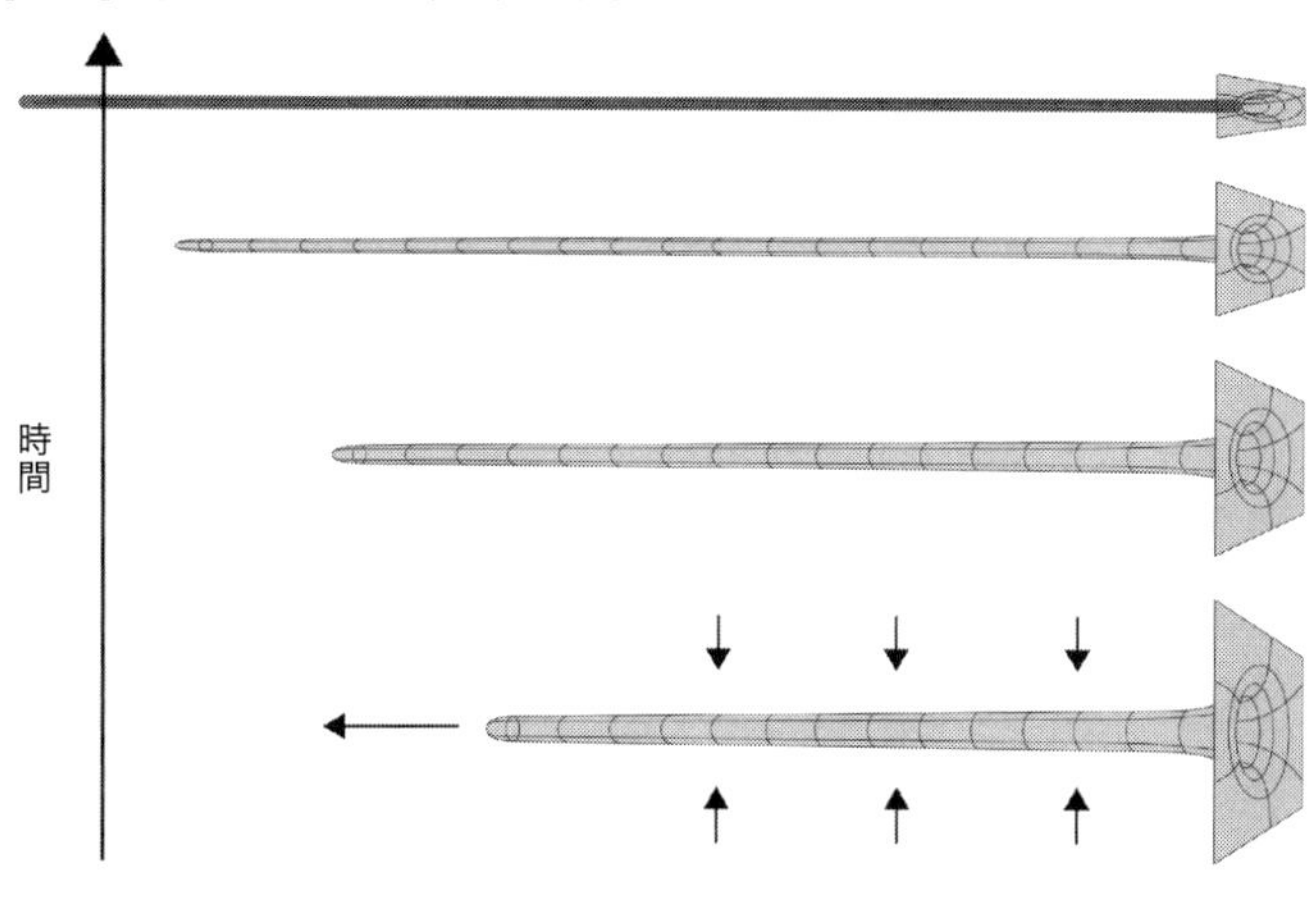

になる（そして、筒もろともわたしたちも押しつぶされる）というのだ［図15］。

そして、それから？　それで、おしまい。空間は崩れ去り、時は終わる。そしてわたしたちは行き詰まる。アインシュタインの理論に従えば、ここで時間は終わる。

ということは特異な領域、つまり量子領域は未来にあるわけで、そこでは筒は絞られて一本の線となり、無限に伸びている。特異な領域は、ブラックホールという球体の中央にはない——そこにあると思っている人が多いのだが。真ん中には落ち続ける星があるだけで、この誤解こそが、ブラックホールの運命を巡る混乱の主たる原因なのだ。

＊　量子現象は、プランク定数と呼ばれる定数によって特徴付けられており、この定数がそのスケールを決めている。

［図16］特異点は未来にある

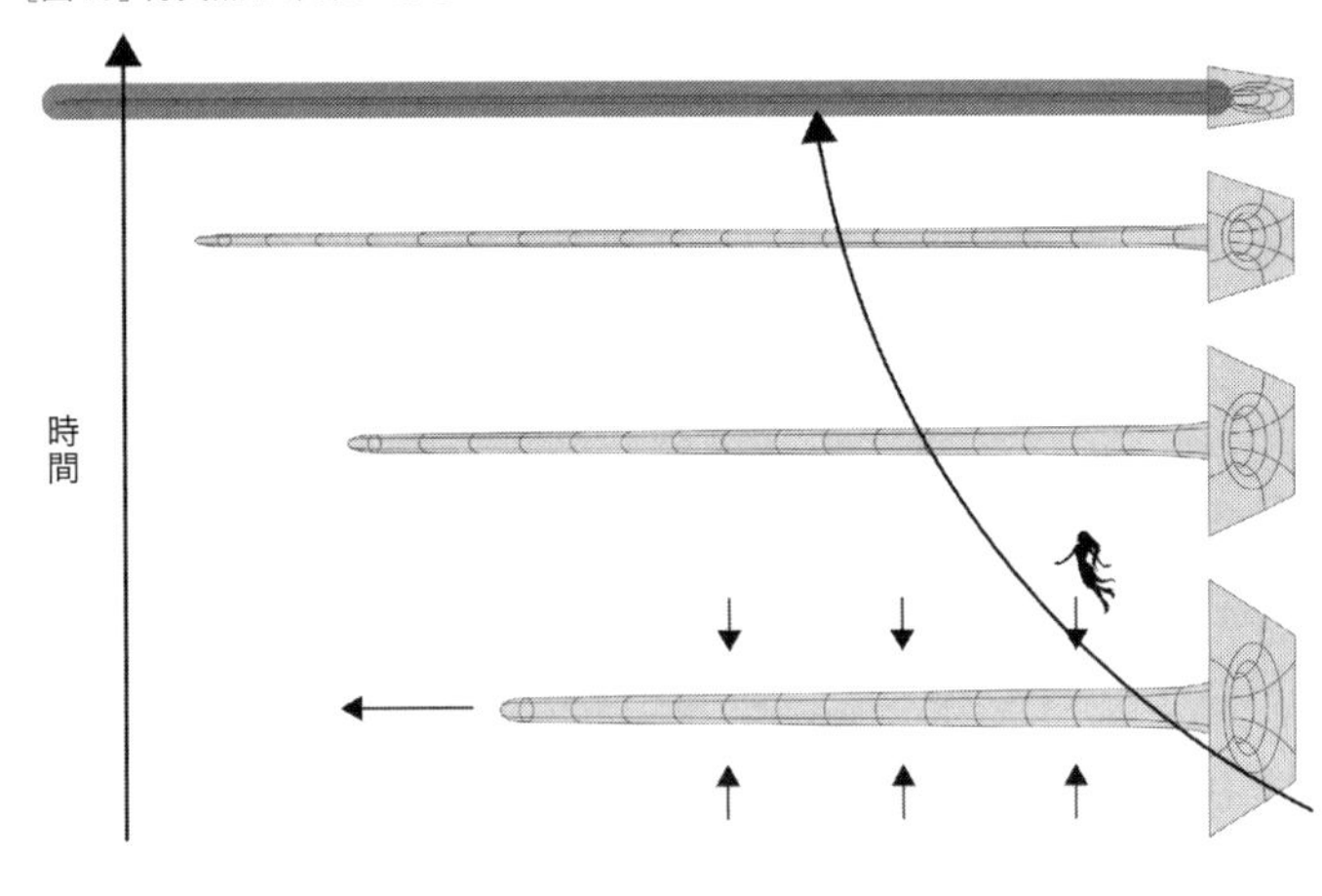

言葉を換えると、ブラックホールの中で起きているいることを理解したいのなら、中央に特異点がある不動の円錐を思い描くべきではない。ブラックホールを作り出した星が底にある長い筒を思い描く必要があるのだ。その筒はどんどん細く長くなってゆき、やがて未来のどこかの時点で、絞りきられて一本の線になる。特異点は（空間的な）中央ではなく（時間的な）後にある。これこそが、この物語の鍵なのだ。

ブラックホールに落ちていったわたしたちは、ついにそこに行き着く。それはもっとも深く、もっとも暗い場所。そして、すべてを取り囲む天空からもっとも遠い場所。*

こうしてわたしたちは、量子領域に辿り着く［図16］。では、それから何が起きるのか。

我らが道案内であるアインシュタインの方程式

——あらゆる物理学のなかでももっとも美しい方程式、科学者としてのわたしの人生に常に付き添ってくれた方程式——では足りなくなる。もはやわたしたちに道案内はいない——ちょうどダンテがヴェルギリウスに置いていかれたように……。彼は立ち去った。ヴェルギリウスは行ってしまった。我が魂の救済を託した優しい父、ヴェルギリウスは。**

では、それから何が起きるのか。まさにそのことを、わたしとハルは議論していた——あのマルセイユの晴れた昼下がりに。

* 地獄篇IX　ダンテは地獄のもっとも深い円を、このように記述している。
** 煉獄篇XXX　ダンテは地獄と煉獄を抜けたところで、この道案内を失う。

第六章　ブラックホールの奥底を見る

道案内に不足が生じたとき、どうすればわたしたちは前進できるのか。より美しい導き手となるであろう星すらないところで、新しいこと、まだ知らないことをどうやって学べばよいのか。新たな事柄を学ぶ方法としては、たとえば実際にそこに赴いて経験するというやり方がある。次なる丘を越えるのだ。だから若者は家を出て、旅をする。あるいはすでにそこに行ったことのある誰かが、いるかもしれない。その人たちの学んだことが物語として、学校の授業として、ウィキペディアの項目として、書物として、わたしたちに伝わる。アリストテレスとテオプラストスはレスボス島に赴き、魚や軟体動物や鳥や哺乳類や植物を細かく観察した。そしてすべてを本にまとめ、生物学の世界を開いた。

さらに遠くを見ようとすると、今度は道具が必要になる。ガリレオが望遠鏡を天空に向け、人々がとうてい信じそうにないものを目の当たりにしたことで、わたしたちの目は果てしなく広がる天文学の世界へと開かれた。物理学者たちは分光器を使って元素が放つ光を分析し、原子に関するデータを集めて量子の世界への扉を開いた。かくも多くの新しい知識の根っこには、さまざまな装置を用いた緻密な観察がある。だがわたしたち自身はブラックホールの奥底に辿り着くことができず、いかなる光もそこから逃れられないのだとしたら、そこにあるものを観察することはできない。

頭のなかで旅をする

だが、実際にそこに行くことはできないとしても、頭のなかで旅することはできる。視点を変えて、事物を別の角度から見たところを思い描くのだ。

第三章の一覧にも登場した科学の先駆者アナクシマンドロスは、古代において、地図を最初に考案した人物として記憶されていた。地図は、広い領域を高みから見下ろした俯瞰図になっている。わたしたちが鷹より高く飛べたなら、あんなふうに見えるはずだ。文明や旅や交易が始まってからすでに何千年も経っていたにもかかわらず、誰一人そんなことは考えつかなかった。これは決して簡単な飛躍ではなかった。わたしたちは、大地を近くから見ることに慣れている。そんなに高いところから地球を見たことがある者など、いようはずがなかった。鷹に成り代わり、途方もなく高いところから見えるものに思いを巡らす——これは、視点の変換だ。

アナクシマンドロスには、そのような飛躍をするだけの想像力があった。さらにまた、途方もない高さから見たときに地球がどうなっているのかを想像するだけの度胸があった。そうやって直観的に、後にニール・アームストロングやバズ・オルドリンが目の当たりにすることになった地球の姿——彼らが月から見下ろした地球の姿——を理解したのだ。

古代のもっとも偉大な天文学者といえば、ヒッパルコスだろう。彼のある業績を見れば、頭のなかで別のどこかに旅することがいかに有効なのかがよくわかる。それは地球から月までの距離の計算であって、その骨子は次ページの図とその長いキャプションに要約されている［図17］（ただし縮尺はばらばらで、実際には太陽ははるかに大きく、はるかに遠いところにある）。

ヒッパルコスの洗練された幾何学的推論の第一歩となったのは、次のような問いだった。もしもわたしが地球の影が作る円錐の頂点に立ったなら、そこから何が見えるのか。わたし自身がその場所に——惑星間空間の、地球から何千キロメートルも離れた場所に——行き、後ろを振り返って太陽を覆っている地球の姿を見るところを想像したとき、心の目にはいったい何が映るのか。

コペルニクスは太陽系を、あたかも太陽系の外に立っているかのように眺めた。ケプラーは、母親の魔術のおかげで空を飛び、地球の外から見た太陽系を記述した。アインシュタイン

［図17］

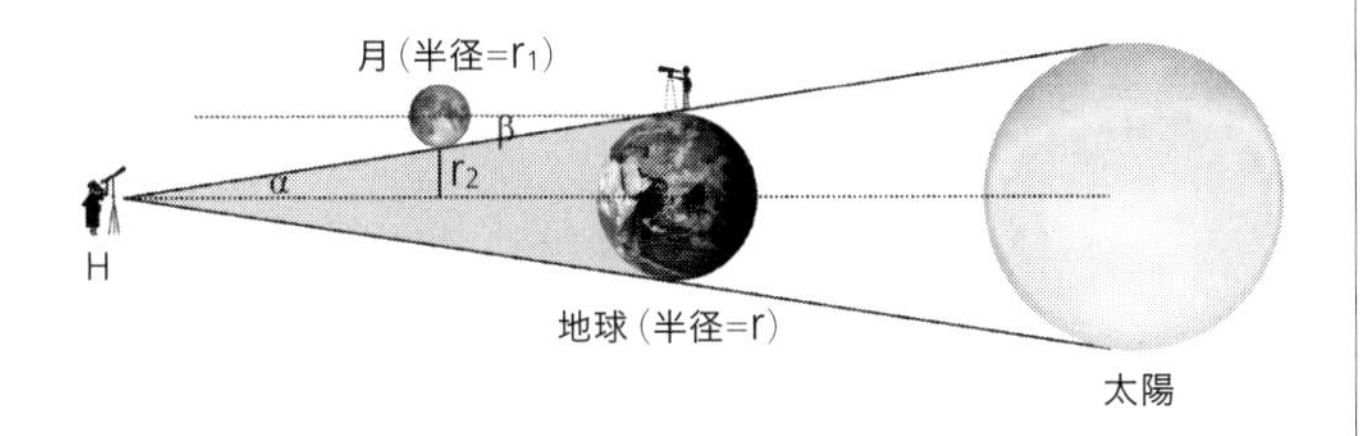

ヒッパルコスは、地球の影が作り出す円錐の頂点Hに飛んでいって振り向いたところを想像している。そこから見た地球は、ぴたりと太陽を隠している。したがってαという角度は、そこから見た太陽の視角の半分になる。角度βは、わたしたちが地球から見たときの月の視角の半分になっている。ところが天空の太陽と月は同じくらいの大きさだから、$\alpha = \beta$が成り立つ。ここからユークリッドの幾何学により2本の点線は平行で、図から、月の半径r_1と（月がある位置での）地球の影の半径r_2を足した長さは、地球の半径rの長さと等しくなる。月蝕の際の観察結果によると、地球の影が作る円盤の半径r_2は月の半径の2.5倍なので、地球の半径は月の半径の3.5倍になる。直径1センチメートルの硬貨を目から110センチメートルの距離に掲げれば月を覆えるから（みなさんも試してみていただきたい！）、月への距離は月の直径$2r_1$の110倍である。したがって月への距離は110を3.5で割った値、すなわち約30を地球の直径2rにかけた値になる。この値はまったく正しい。ということで、いやまったくお見事！　なにしろ、自分の家の庭で裸眼で観察できることから、これらすべてを推論したのだから。

は、自分が光線に乗ったら何が見えるかを考えた……自分たちを日々の経験からははるか遠いところに投影して、すべてを別の視点から見たところを思い描いたのだ。では、もしもブラックホールに入れたら、いったい何が見えるのか……。

バランスを探る

それにしても、心の目をどのように使えば「行って、見る」ことができるのか。アナクシマンドロスは鷹とともに空高く舞い上がったのではない。ケプラーは箒に乗って月に向かったのではない。（絶対に、そんなことはしていない）、アインシュタインは光線に乗ったわけではなかった。いったいどうすれば、実際には到達できない場所に行って、見ることができるのか。

思うにその答えは、微妙なバランスを探ることにある。自分たちはどれだけのものを持ってゆき、どれだけのものを置いてゆくのか、そのバランスを探る。何かを持っていけば、その先を予想できる。ブラックホールの中に何があるのかを探るために、わたしたちはアインシュタインの方程式を用いてその幾何学を推し量ってきた。アインシュタインはマクスウェルの方程式を使い、ケプラーはコペルニクスの本を使った。それらは地図であり、法則であり、概論であって、従来うまく機能してきたからこそ信頼に値する。

だが同時に、何かを置いていかざるを得ないこともわかっている。アナクシマンドロスは、あらゆる物が同じ方向に落ちるという考えを手放した〔平行に落ちるとすると、地球は丸くなり得ない〕。ケプラーは、事物が真円を描いて動くという考えを捨て〔真円だとすると、火星の運行に関する精密なデータと合わなくなる〕、アインシュタインは、すべての時計が互いに同調して時を刻むという考えを擲（なげう）った。置いていくものが多すぎると、前進するための道具がなくなるが――しがみつくものが多すぎると、新たな理解への道を見落としてしまう。成功の秘訣はなく、ただ試行錯誤あるのみ。プロヴァンド・エ・リプロヴァンド（*provando e riprovando*）*、わたしたちはそれを行う……長い研鑽と、大きな愛とを。**

＊　天国篇Ⅲ　ダンテはベアトリーチェが *provando e riprovando* したことで、自分は新たな真理を学んだと記している。これは、現代イタリア語では、「試し、さらに試して」という意味で、この意味で引用される場合が多い。しかし〔ダンテの時代である〕十三世紀のイタリア語では、むしろ「立証と反証によって」という意味であったらしい。言語は、認識論と並行して進展するものなのだろう。

＊＊　地獄篇Ⅰ　ダンテはヴェルギリウスに初めて出会ったとき、この偉大なラテン語の詩人のテクストと自分との関係をこのように表現した。ひょっとすると、すべての知識人と知識との関係――科学者と彼らの扱うテーマとの関係を含む――も、このように表現されるのかもしれない。

わたしたちは、自分たちの知っていることをさまざまなやり方で組み合わせ、さらに組み合わせ直してみる。そうやって、何かが明確になる組み合わせを探す。その試行の邪魔になるようであれば、従来必須と思われていたものも省く。計算ずくで、敢えてリスクを取る。自分たちの知の縁をうろつき、そこに自分を馴染ませて長い時間を過ごし、行ったり来たりして裂け目を探す。そして新たな組み合わせ——新たな概念——を試すのだ。

わたしたちのいう新たな概念とは、古い概念に手を加え、修正を施したものだ。わたしたちはもっぱら類推を使って考える。ニュートンの「力」は、押したり引いたりといった日常の経験から借りてきたものだ。空間に拡張されたファラデーの電気および磁気の「場（フィールド）（フィールドには畑の意味がある）」は、農民から拝借してきたもの。アインシュタインは、時間がときにはゆっくりと、ときにはさっさと過ぎるということを理解した。でもそんなのは、わたしたちもとうの昔に知っていたことではなかったか。

西洋の人々は、類推を用いた思考から生まれる創造性をきわめて効果的に用いてきた。各世代がそれぞれに新たな概念を打ち立て、今日（こんにち）の地球規模の文明への西洋からの壮大な遺産ともいうべき科学的な思考の城を築いてきた。だが、思考は演繹法ではなく類推を通して育ち、展開するものだという事実を、最初にもっとも明確に認識したのは東洋の人々だった。類推に基づく推論の原理は、紀元前四世紀頃に中国で栄えた哲学の学派、墨家によってすでに分析されていて[7]、古今東西の書物のなかでもっとも偉大なものの一つである『荘子』からも、そのことが読み取れる。実際にそこでは、推論の類推的構造が精妙な形で活用されているのだ。科学的思考では、論理的、数学的な厳格さが有効に使われるが、これは、科学の成功が拠(よ)って立つ二本の足の片方でしかない。もう片方の足はその概念構造の進化に伴う創造的自由であり、これは、類推と組み替えを通じて育まれる。

科学と芸術における類推

電磁場(フィールド)は、小麦の畑(フィールド)とは異なる。アインシュタインが見出した時間の遅延は、わたしたちが退屈したときに経験するそれとは違う。ニュートンの力が働くとき、誰も押したり引いたりはしていない。それでも明らかに似ている——類推が成り立つのだ。類推をする際には、ある概念の一つの側面を取ってきて、それを別の背景で再利用する。元の意味の何かを残しながら、ほかの何かを手放す。そうすることによって、結果として得られる組み合わせに新しく有効な意味が宿る。最良の科学は、このように機能していく。

思うに最良の芸術もまた、このように機能しているのだろう。科学や芸術は、わたしたちの概念空間——わたしたちが意味と呼んでいるもの——の絶え間ない再組織化なのだ。わたしたちが芸術作品に感応する際には——当然のこととして——芸術作品自体のなかで何かが起きるのではなく、ましてや霊的な不可思議の世界で何かが起きるわけでもない。その感応は、わたしたち自身の複雑な脳のなか——わたしたちのニューロンが意味と呼ばれるものを編み上げる際に生じる、さまざまな類推に基づく関係の多様なネットワークのなか——に存在する。わたしたちが芸術作品に深く没頭するのは、それによって習い性となっている夢遊状態から連れ出され、改めてこの世界において何かを見ることの喜びがもたらされるからなのだ。この喜びはまさに、科学が与えるそれと同じである。フェルメールの絵画のなかの光は、わたしたちの目を、それまで感じることができなかったこの世の光の響き合いへと開いてくれる。サッポー〔サッフォーとも〕の詩の断片（エロスはほろ苦い〔サッポーが初めて述べたとされている〕）が開く世界で、わたしたちは欲望について再考することになる。アニッシュ・カプーア〔イギリスの著名彫刻家。もっとも黒い液体塗料の芸術への使用権を独占したことで物議を醸した〕の純粋な黒い虚無(ヴォイド)は——一般相対性理論のブラックホールのように——わたしたちの方向感覚を失わせる。そしてブラックホールと同じように、現実を織りなす何か——手で触れることのできない何か——を概念化する方法は一つでないとほのめかす。

　観察と理解を結ぶ道は、ときとして長い。知へと向かう大きな飛躍の多くは、脳の力だけを活用して行われてきた——いかなる新たな観察もなしに。たとえばコペルニクスやアインシュタインのような科学の巨人たちは、すでによく知られていた観察を基にして、重要な成果を得た。コペルニクスの場合には、一千年以上前から知られていることを基にして。自分たちがすでに知っていることから始めたとしても、うまく収まりきらない細部を梃子にして、未知の何かに通じる裂け目を見つけることができれば、新たな発見が可能になる。閉じていない輪、計算結果とうまく合わないサイコロの目（ここに裂け目があるのだろうか）、ほどけない糸が、わたしたちを真実の核心に連れて行ってくれるかもしれない。おそらくそれらは、どこをどう考え直せばよいのかを指し示す鍵なのだろう。

　わたしたちが前に跳べるのは、自分たちの思考を組み替えられるからだ。コペルニクスの場合でいうと、それまでこの世界は大きく二つの領域に分かれていた。地上にある事物（山、人々、雨粒など）の領域と、天上にある事物（太陽や星などの天体）の領域に。地上のものは落下し、天上のものは軌道を巡る。地上のものは儚く、天上のものは永久だ。これはまったく理に適った話なので、それとは別の「現実の仕組み」を世に問うには、無謀なまでの勇気が必要だった。そしてコペルニクスには、その勇気があった。彼の宇宙はまったく異なる形に分かれていた。太陽は、それだけで一つの類を成す。さまざまな惑星はすべて同一の類に属しており、地球はそのなかの一つでしかない。地球はあらゆるもの――すべての雨粒、人々、山々――を含みながら、奇妙なことに、天空の光る点である金星や火星と同じ類に属しているのだ。そして月はというと――哀れなことに――ぽつんと一つだけ別の類に分けられる。* あらゆるものが太陽のまわりを回っているのに、月だけは地球のまわりを回っているからだ。正しいと思われていたことが、見事にひっくり返されたのだ――じつに華々しく。

事物の秩序を変えるのは容易ではない。だが科学は――最良の科学は――それを行う。わたしたちの概念の構造は決定的でもなければ、可能な唯一のものでもない。むしろ進化に導かれ、日々の必要に対処するためにどうにかまとめてきたものであって、それ以上のことはできない場合が多い。あらゆるものを地上のものと天上のものに分けるというのは、日々の生活ではうまくいく分類法だ。けれども宇宙を理解して、そこでの自分たちの位置を理解しようとすると、うまくいかなくなる。

では現実をどう概念化し直せば、アインシュタインの方程式が予測している特異点――ブラックホールの未来に存在するはずの特異点――を超えることができるのか。その向こうにいったい何があるのか。アリスの鏡の向こうには、何があるのだろう。

何を携え、何を置いていけば、鏡を抜けられるくらい――一般相対性理論が予言する時の終わりの向こうに出られるくらい――身軽になれるのか。

＊ 月の不穏な孤独が終わったのはその百年後、ガリレオの望遠鏡が登場したときのことだった。ガリレオが望遠鏡を用いて、月の姉妹である木星の月を見つけたのだ。

第二部

白い穴（ホワイトホール）

わたしたちはついに、あの夏の日の研究室に辿り着く。何か月にもわたる試行錯誤のなかで、間違え、誤った糸口を摑み、さまざまなアイデアを捨てた末にとうとうハルが、時間が反転して二つの時空が量子トンネルで繋がるのかもしれませんね、といったあの日に。彼はいったい何をいおうとしていたのか。

ハルは、特異点の向こうに何があるはずなのかを伝えようとしていた。

その考えの基になったのは、きわめて単純な類推だった。ブラックホールは落下によって形作られる。燃え尽きた星がそれ自体の上に落ちて、自重でつぶれる。ブラックホールに入ったものも落っこちる。空間自体——前章の図の長い筒——も、自身の中に落ちてつぶれる。

では、ものが落ちるとどうなるか。落ち切ったら、そこからかなりの頻度で……跳ね返る。地面にバスケットボールを落としたら、跳ね返って、再び上に向かう。

では、跳ね返ったバスケットボールはどのように動くのか。少し考えてみれば、落ちる様子を撮ったフィルムを逆に再生したような——時が反転したような——動きをすることがわかる。ボールが跳ね返る様子は、ボールが落ちる様子——落下するところを収めた動画を逆再生したときの動き——とそっくりなのだ。

これまでわたしは、ブラックホールの特異点が「中央」には存在しないということを、しつこく主張してきた。特異点は真ん中ではなく、落下が終わったところにある。ブラックホールが落ち切った瞬間に、62ページの図［図16］の濃い灰色の領域で、その星と時空全体が単に跳ね返って、弾んだボールのように戻ってくるのではなかろうか。まるで時間が反転したかのように。

ハルとの議論の数か月前、わたしは僚友のフランチェスカとともに、自重でつぶれた星が落下し終えたとたんに跳ね返るかどうかを調べていた。そしてその跳ね返る星を「プランクスター」[8]と名付けた。なぜならその跳ね返りは、量子重力現象に特有のプランクスケールというスケールで生じると考えられたからだ。[9]ブラックホール全体が、実際に星のまわりで跳ね返り得るものなのか。ブラックホールの一生を動画で記録してその動画を逆再生したとき、わたしたちにはいったい何が見えるのか。

白い穴（ホワイトホール）が見えるはずだ。

第七章　ホワイトホールとは何か

では、白い穴（ホワイトホール）とはいったい何なのか。

これは前にもお話ししたことだが、わたしたちは、ブラックホールが実際に見つかるずっと前からそれが何なのかを知っていた――ブラックホールは、アインシュタインの方程式の解なのだ。ホワイトホールも同様に、アインシュタインの方程式の解である。だからわたしたちは、ホワイトホールのことも知っている。

じつは、ホワイトホールはアインシュタインの方程式の別の解ですらない。ブラックホールを記述しているのと同じ解の、時間が反転したものなのだ。同じ解の時間変数の符号が逆になったもの、つまり時間を逆転させたときに見える、同一の解。ブラックホールを動画に撮って逆再生したときに見える姿、それが、ホワイトホールなのだ。

アインシュタインの方程式は、基礎物理学の他のすべての方程式と同様、時間の方向を明示していない。過去と未来の区別がない。なんらかの過程が生じ得るのなら、その過程は時間を反転させても生じ得る。*

ブラックホールは白くなる

つまり、ブラックホールが跳ね返り、弾んだバスケットボールのように時間を反転させた形でそれまでの軌跡を辿り直すということは、ブラックホールがホワイトホールになるということなのだ。

次ページに示したのは、ブラックホールの内部の空間がどのように進化していくのかを示した図である［図18］。

＊　この言明に戸惑った方々には、どうかご辛抱いただきたい。第三部で再びこの問題に戻るつもりだから。

[図18] ブラックホールの内部の進化

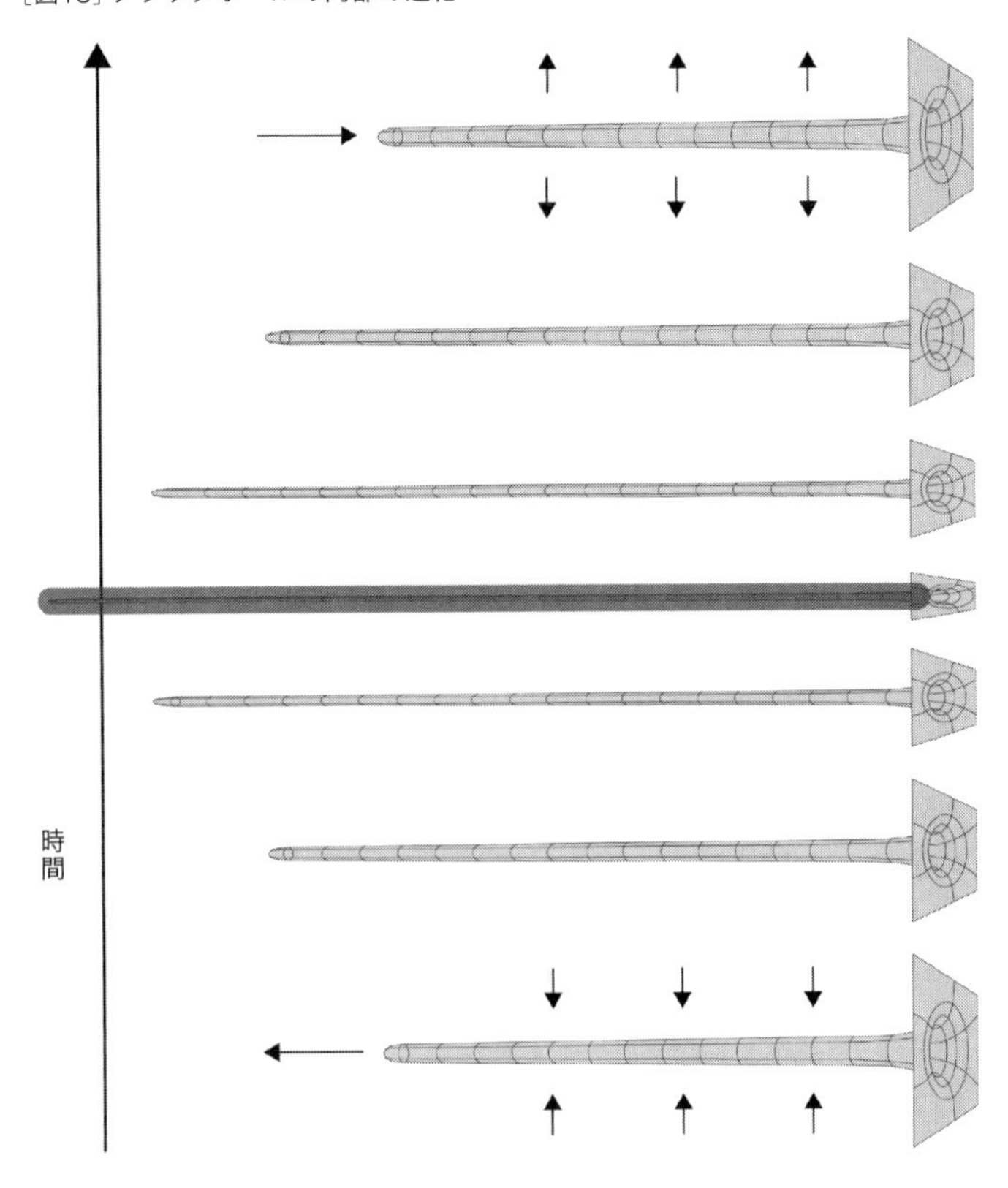

ブラックホールの内側がこの図の（濃い灰色の）量子領域に突入すると、筒はそれ以上伸びもせず細くもならずに跳ね返る［図18］。つまり、短く太くなりながら元に戻っていくのだ。

ブラックホールは、入ることはできても出られない。これに対してホワイトホールは、出ることはできても入れない（何かが穴に入る様子を撮った動画を逆再生すると、何かが穴から出てくるのが見える）。したがって、ブラックホールに入ったものはすべて、濃い灰色の領域を抜けてホワイトホールに入り、再びそこから出てくる。

じつに単純な話、ですよね？

時間と空間の量子力学

でもほんとうに、こんなことが起こり得るのだろうか。ブラックホールがホワイトホールに変わるには、空間と時間は図の濃い灰色の領域を抜けなければならない。これはつまり、アインシュタインの方程式に背くということだ。ごく短い時間――跳ね返るその瞬間――だけであったとしても、違反は違反だ。

わたしたちは、実際にアインシュタインの方程式が破綻して量子現象が作用し始めるにちがいない、と考えている。それにしても、これらの効果によってほんとうに跳ね返りが起きるのか。原子の、電子の、光の、レーザーの量子力学なら、物理学者もよく知っている。だがここで問題になっているのは、空間と時間の量子力学なのだ。

ブラックホールとホワイトホールがここまで強くわたしを引きつけるのは、まさにこのためだ。これまでずっと生涯をかけて、このような空間と時間の量子的側面を正確に把握し、量子的になった空間や時間を扱う際に欠かせない概念構造を明らかにしようと努めてきた。そこに情熱を傾けてきたのだ。古（いにしえ）の炎の徴（しるし）がわかる！* ブラックホールの奥底で輝いている彼女〔ベアトリーチェ＝導き手〕が見える。

わたしは理論物理学者としての研究のほとんどを、量子時空を扱い得る数理構造の構築作業への参加に充ててきた。わたしたちが構築した数理構造は、ループ量子重力と呼ばれている。ブラックホールの内部の、空間と時間の量子的側面が優勢になる領域、すなわちわたしたちが経験している連続な空間や時間が機能しなくなった領域で起きることを理解するには、この理論が欠かせない。よってここからは、この理論がどのように機能するのかを見ていこう。ここでおまえの真価が試されるのだ。**

＊　煉獄篇XXX　ダンテは、旅が半ばにさしかかったあたりで、心から愛するベアトリーチェの存在を感じてこう述べている。

＊＊　地獄篇II　ダンテは自身にこう語りかける。ことによると自らを励ますために、あるいは希望として、あるいは警告として。

第八章　空間そのものを構成する基本粒子

「量子的振る舞い」とは何か。*

量子的な性質のなかでももっとも単純なのが、粒状性である。スケールを小さくすると、あらゆるプロセスが粒のように見えてくる。光をごく弱くしていくと、光が粒として、すなわち光子として現れるのだ。

この基本的な着想を空間に適用すると、大きさに限りのある空間の基本粒子が存在することになる。空間の量子である。つまり、いくらでも小さいものが存在するわけではなく、空間を分割するにしても、その大きさには限度がある。空間は物理的な実体であり、ほかの実体と同じように粒状なのだ。アインシュタインの理論に量子理論の数学を組み合わせると、このような結論が得られる[10]。

この結果を得るのに必要な数学は、何年も前にロジャー・ペンローズによって展開されていた。この偉大なイギリスの相対論学者は、わたしがこの本の第一稿をまとめているときに、

［図19］数学的ネットワーク（左）とそれが記述する空間の断片（右）の関係

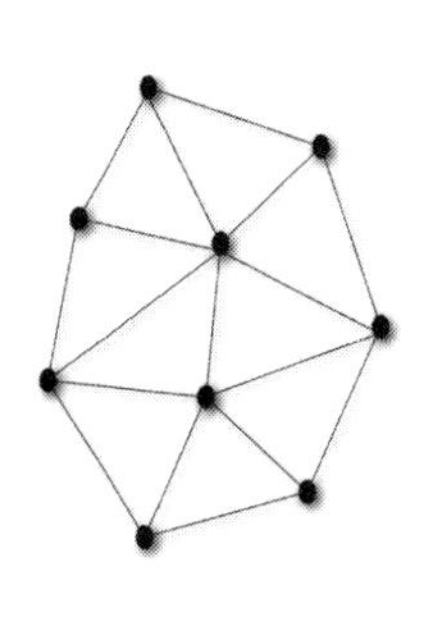

→

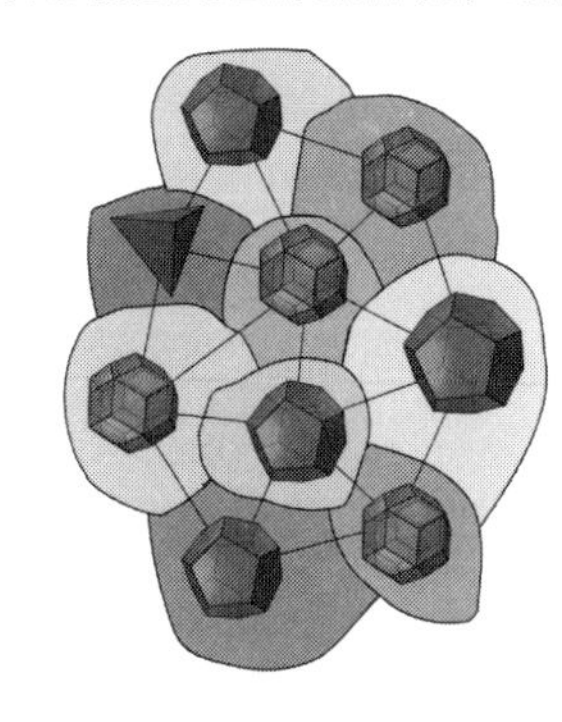

ノーベル賞を受賞した。彼の数学もまた、シンプルな類推から生まれたものだった。ヒントとなったのは網（ネット）。ネットは辺（リンク）によって結ばれた一揃いの頂点（ノード）であって、それらのノードが空間の基本粒子を表す。光子が光の量子であるように、それらは「空間の量子」なのだ。ただし、この二つには根本的な違いがある。光子が空間の中を動くのに対して、空間の量子は網、すなわち空間自体を構成する粒子なのだ。

ノードを繋いでいるリンクは、どの量子とどの量子が隣り合っているのかを表していて、それによって一つの連結した構造、すなわち「空間的」構造が定義される。ロジャー・ペンローズはこの構造を「スピンネットワーク」と名付けた。「スピン」とは、空間の対称性に関する数学に由来する言葉で、そこでは回転、すなわち「スピン」が重要な役割を果た

＊ 思うに、拙著『世界は「関係」でできている』をまとめたのは、この一般的な問いにできる限り上手に答えるためだった。

す。[11]前ページ［図19］に示したのは、数学的なネットワークとそれが記述する空間の断片との関係を示すスケッチである。

イギリスの人であるペンローズがアメリカの人であるフィンケルシュタインと出会ったのは、一九五八年のことだった。地平線の機能を理解してデューラーの版画に関する論文をまとめたフィンケルシュタインは、この年にアメリカからロンドンに出向いて、自身が解明したばかりのブラックホールの地平線をテーマとする講演を行った。その講演を、ケンブリッジで博士号を取ったばかりのペンローズが聴きにいったのだ。二人の若者は、講演が終わった後も長い時間議論を続けた。ペンローズはすでに、スピンネットワークに関する数学の基礎を展開し始めており、それをフィンケルシュタインに紹介した。

この邂逅は、二人をがらりと変えた。ペンローズはブラックホールに夢中になった。フィンケルシュタインの講演によって情熱に火が付き、その後何年もかけてブラックホールの形成が不可避であることを示したのだ。そしてこの結果は、六十年後に彼にノーベル賞をもたらすこととなった。一方フィンケルシュタインは、ペンローズがスピンネットワークなるものをひねり出してまで探ろうとしていた、空間の離散的構造の虜になった。そして長い時間をかけて、基本量子で構成された時空の量子的記述を追い求めることになる。この二人の冒険者――着想の大地の探求者――は、たった一度の特別なやりとりを通じて、その関心を交換したのだった。[12]
二人が語り合っていたその頃、わたしはまだ二歳だった。そしてその三十五年後、リー・スモーリンとわたしはたまたまペンローズの数学とそれによって記述される粒子状の空間に出くわす。一般相対性理論に量子理論の技法を適用して、ペンローズとフィンケルシュタインが三十年前に交換した二つの研究テーマを組み合わせようとしていたときのことだった。
当時（それは一九九四年のことだった）、リーはしょっちゅうヴェローナのわたしのもとを訪れていた（後になってわかったのだが、わたしだけに会いに来ていたわけではなく、わたしの友人の一人であるヴェローナ美人に夢中だったのだ）。わたしたちは、空間の基本量子の性質を計算するうちに、自分たちがペンローズのスピンネットワークを再発見していることに気がついた。そこでリーはオクスフォードに飛んで、その数学について詳しく説明してほしい、とロジャーに頼んだ。以来ロジャー・ペンローズは、わたしたちの素晴らしい兄貴分であり続けている。というようなことはさておいて、ブラックホールに話を戻す。
空間が粒状であるのなら、ブラックホールの内部を個々の粒子より小さく押しつぶすことは不可能だ。圧縮するにしろ、歪めるにしろ、限度がある。したがってブラックホールの内側の筒を絞り上げる収縮は、特異点に至る前にやむはずだ。では、その次にいったい何が起きるのか？

第九章　ブラックホール内部での飛躍

量子現象の二つ目の大きな特徴、それは、事物の性質が常に確定しているわけではない、ということだ。粒子は、必ずしも位置を有するとは限らない。波のようにとらえどころがなく、どこにも存在しなかったものが、どこか別のところでひょっこり形を成す。つまり飛躍するのだ。

現実にこのような飛躍が起こり得ることから、たとえば「トンネル効果」と呼ばれる現象が起きる。事物はこの現象のおかげで、量子でなければ乗り越えられないような障壁を乗り越えることができる。今、壁にビー玉を放ったとしよう。古典物理学によると（そして常識からいっても）ビー玉は壁を通り抜けることができない。ところがじつはごくわずか、ビー玉が壁を抜けて向こう側に行く可能性がある。これがトンネル効果で、なぜこんな呼び名がつけられたかというと、まるでビー玉がどんな障壁でも通り抜けられる（架空の）「トンネル」を見つけたかのように見えるからだ。

［図20］トンネル効果

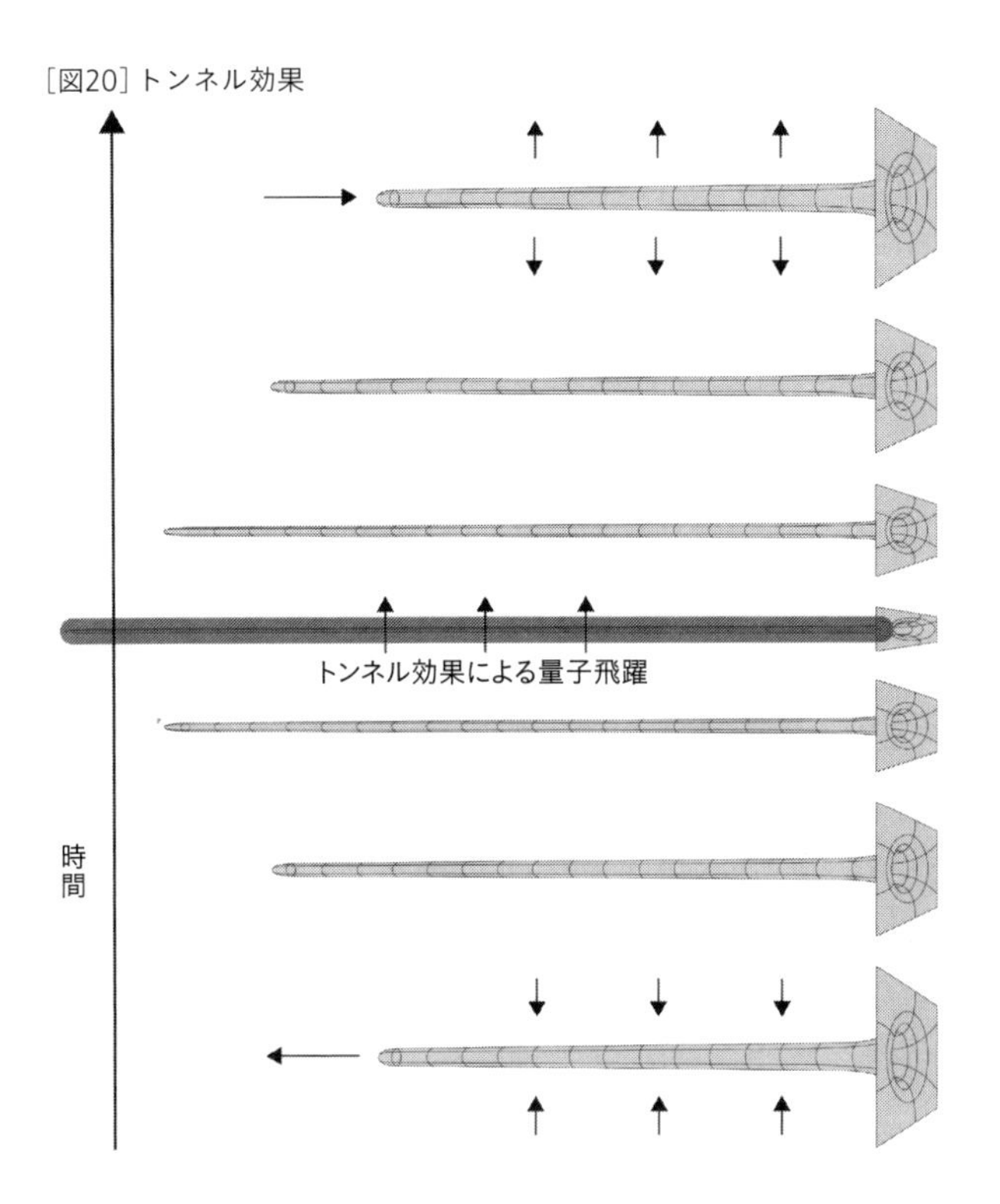

これが、ハルが最初に考えたことだった。ブラックホールの内部は、アインシュタインの方程式が禁じる領域——80ページの図［図18］の濃い灰色の領域——を越えることができて、トンネル効果で「向こう側に」飛ぶことができるのかもしれない［図20］。

空間と時間に量子的な性質があるからこそ、ブラックホールの内部は特異点——古典力学の方程式で時間が止まるとされる点——の向こうに「飛躍」できるのだ。

量子飛躍とは何か

量子飛躍は、物理学の世界ではよく知られていて、量子理論の歴史の初期にはすでにニールス・ボーアが、電子が原子内のより大きな軌道から小さな軌道に「飛ぶ」ときに原子が光を発することに気がついていた。だがここで述べている量子飛躍は、粒子がある場所から別の場所へと飛ぶ現象よりもはるかに根源的だ。何しろ時空そのものが飛ぶのだから。

時空の飛躍は、空間のなかや時間のなかで生じる現象ではない。空間的な現象でも時間的な現象でもなく、空間がある配位（コンフィギュレーション）〔粒子の配置、位置関係〕から別の配位へと瞬間的に量子遷移することを指している。ループ量子重力はまさに、このような量子遷移——空間のある配位から別の配位への飛躍——を記述しているのだ。

通常の量子力学の方程式からは、空間のなかに存在する物理系における一つの配位から別の配位への飛躍が起きる確率を得ることができる。これに対してループ量子重力の方程式からは、空間そのものの一つの配位から別の配位への飛躍の確率を得ることができる。

アインシュタインの理論において時間が終わるとされている領域、そこを超えるほんの一瞬の間、時間および空間は存在しなくなる。

そしてわたしたちはここに至る——時間と空間の量子的な性質が燃え上がるこの場所に。わたしには古の炎の徴がわかる！　わたしたちは、アインシュタインの理論が定義する現実の縁を越えることができる。その向こうに行ける。ループ量子重力の方程式のおかげで、このようなことが起きる確率を計算できるのだ。


ここが要、もっとも大切なところなのだ。ブラックホールの運命という科学的な問題の——そしてこの本の要。一般相対性理論が予言する「時の終わり」の向こうへの飛躍は、起こり得る。量子理論はそう予測する。あらゆる量子「飛躍」と同様、それは破れであり、連続性の破断である。流れは瞬間的に砕け散るが、それでも手持ちの方程式で記述できる。量子重力の方程式が記述するのは、時空が連続であるような単純な世界ではなく、もっと複雑な世界なのだ。

煉獄という山を登り切って、既知の宇宙の縁に達したところで、ダンテはヴェルギリウスを失うが、それと同時に感極まる——ベアトリーチェの姿を目にして。——わたしには古の炎の徴がわかる！

さらにその直後には、太陽とベアトリーチェの目と自分自身のそれとの間のめくるめく眼差しの戯れのなか、地上から天へと——宇宙の既知の部分から未知の部分へと——昇っていく。*

ベアトリーチェはその眼差しを、永遠の車輪の上に据え、
わたしは自分の眼差しを、彼女に据えて……

ベアトリーチェの眼差しを追って、ダンテ自身も太陽に目を凝らす。すると光が満ちあふれ
……それから、空のほとんどが燃え上がるかのようだった。飛躍が起きている間は何もなく、
ただ光の湖があるだけ……そして突然、太陽にさらにもう一つの太陽が加わったように思われ
……彼は再びベアトリーチェの目の中で迷う……さらに……

こちらではわたしたちの力で堪えることのできない多くがあちらでは許され……
……わたしたちは、空間と時間の向こうに飛ぶ。

＊　ダンテの地獄は、地球に掘り込まれた巨大な漏斗であり、煉獄は南半球の山である。これに続く一節は、天国篇の第一の詩歌からの引用である。

第十章　計算は今も進行中

ブラックホールがホワイトホールに変わる様子をもう一度図示して、さらに細かいことを付け加えてみよう［次ページ、図21］。

今回はその周囲に、ブラックホールを形成し、跳ね返り、最後にはホワイトホールから出ていく星の軌跡を描き加えた。長い漏斗の底に一貫してとどまっているあの星だ。さらにもう一つ、図の右側に穴の外部を付け加えた。

図の濃い灰色の部分は、量子遷移の領域である。この領域の外では、すべてがアインシュタインの理論に従う。

さらに、量子遷移の領域をA、B、C、の三つに分けた。なぜなら――およそ想像力に欠ける（し、順番もおかしい）のだが――専門的な文献でそう呼ばれているからだ。

領域Aは、ブラックホールの幾何学がホワイトホールの幾何学に変わるところ。領域Cは星

［図21］

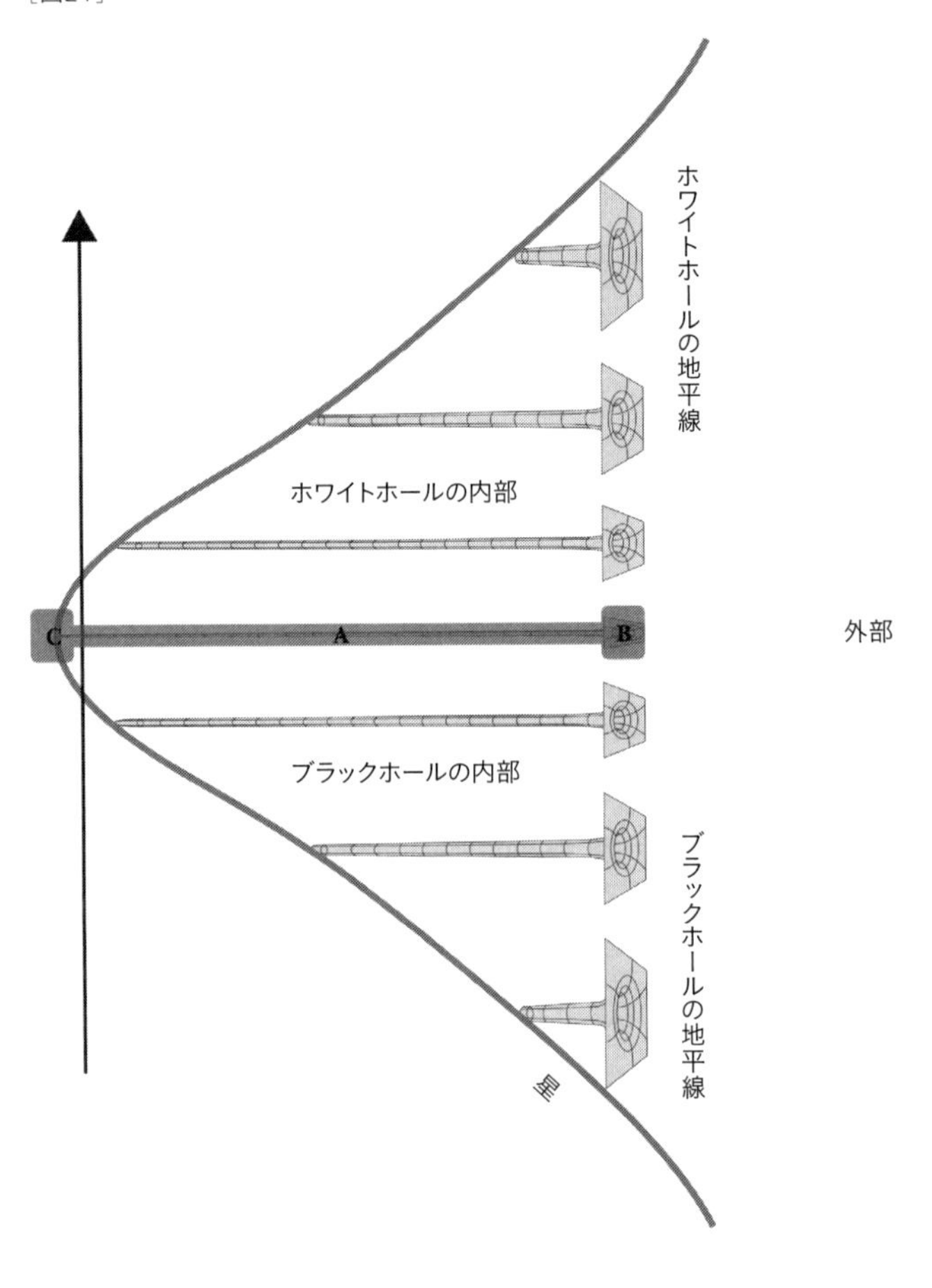

が跳ね返るところで、ループ量子重力によれば、ビッグバンの際にもこれと非常によく似たことが起きたはずだ。おそらくビッグバンは、宇宙規模の大きな跳ね返り（つまり「ビッグ・バウンス」）だったのだろう。その時点で、凝縮した宇宙は量子が許容し得る最大密度に達し、跳ね返って膨張し始めたのだ。ブラックホールの場合は、宇宙全体ではなく一つの星が跳ね返るだけだが、物理現象としてはよく似ている。量子の密度が極端に高まると離散的になり、そこから生じた圧力によってそれ以上の凝縮が妨げられて跳ね返ることになる。どちらの場合も、量子重力が崩壊を跳ね返りに変える圧力を生み出す。

プランクスターと量子飛躍

最大限に圧縮されて極度に高密度になった星のことを、プランクスターと呼ぶ。[13]「プランクスター」は同時に、この現象全体――星が崩壊してブラックホールになり、跳ね返ってホワイトホールになり、最後に再びあらゆるものが出てくるまでの経過全体――の呼び名でもある。数学的にもっとも扱いづらいのは領域B、つまりブラックホールの地平線がホワイトホールの地平線に量子飛躍する部分で、現在も、この遷移に関するさまざまな計算が進行している。これらの計算の基になっているのは「共変的」なループ理論、あるいはより華やかに「スピンフォーム」理論と呼ばれているものだ。

わたしはここまでの部分を、さらにもう一度読み返す。ここはヴェローナの、かの詩人〔ダンテ〕の名を冠した広場であり、目の前にはかの人の質素な彫像が立っている。今わたしが腰を下ろしているのは、ロッジア・デル・コンシーリョ〔一四九三年に完成した行政庁舎。ロッジア・ディ・フラ・ジョコンドとも〕の段々のあたりで、初恋の人にはじめて出会ったのもここだった。

この町で生まれたわたしは、ことあるごとにここに戻る——世界のあちこちを〔楽しく〕さすらった後で。しかしかの詩人にとって、ここは辛い流浪の地であった。彼はここで、他の人々のパンがしょっぱいことを、そして、他の人々の階段の上り下りがいかに難しいのかを身をもって学んだ。真向かいにはパラッツォ・デッラ・ラジョーネ〔十二世紀に完成。はじめは司法機関が、後に市庁が入っていた。パラッツォ・デッラ・コムーネとも〕があって、ひじょうに長い階段が伸びている。建物自体は七百年前もここにあったのだろう……ひょっとすると階段はなかったのかもしれないが……だとしてもダンテは確かにここ——この同じ場所——にしばしばやって来て、ペンを執っていた。ここで、天国篇を書いたのだ。彼もまた、この広場のこれらの段々に腰を下ろし、自分が書いたものに目を通していた……。

近くには聖ヘレナという小さな教会があり、子ども時代のわたしは心ときめくその回廊でよく女の子の唇を盗んだものだった（厳格な僧に捕まるまでは）。あの回廊には、世界最古と思われる図書館がある（わたしはそこで、三世紀の羊皮紙に書かれた手書き原稿や、五世紀の古写本を手にしたことがある）。ダンテはその場所で「水と土地に関する問い」と題する講演を行い、陸地がごく自然に水より下に位置するものだとして（古代ギリシャ以来の四元素説では、土がもっとも重くそれに続くのが水とされていた）、なぜそれでも陸地は海より高くつきだしているのかを論じた。これはよい設問だ。一説にはダンテが、ヴェローナの「ストゥディオ」という学校——ヴェローナ大学の前身——の教員のポストを得るためにその講演を行ったともいわれている。事の真偽は定かでないが、ダンテがその職に就けなかったことは確かだ。十分な資格がないと判断されたのか、あるいは教員向きの社交的タイプではないとされたのか。かの人は、宇宙全体について歌ったのだが……

おっと、脱線してしまった。ブラックホールからホワイトホールへの遷移に話を戻そう。星の話は片づいたし、内部のことも、地平線のことも片がついた。

＊ 天国篇XⅦ　これは単なる比喩ではない。彼の生誕の地フィレンツェと違って、ヴェローナではパンに塩を加える。

だが、それだけでは十分でない。もっとも重要な部分が欠けている。穴の内部でこのようなことが起きているとして、外部では何が起きているのか。ブラックホールの外部は、どのようにしてホワイトホールの外部になるのか。そこではいっさい量子的なことが起きないのだとしたら……。

この問いに答えるには——そしてあの日ハルが得た二つ目の洞察を理解するには——ホワイトホールの何たるかをさらに深く理解する必要がある。

さあ、みなさん、あっと驚く覚悟はできていますか？

第十一章　ホワイトホールの外部で起きること

ホワイトホールの外部は、ブラックホールの外部とどのように違うのか。わたしたちが外にいたとして、どうすればブラックホールとホワイトホールを見分けられるのか。

意外なことに、「見分けられない」というのがその答えだ。地平線から何かが入ったり、何かが出てきたりしない限り、原理的に外からホワイトホールとブラックホールを区別することはできない。

ブラックホールはすべての質量と同様、ものを引きつける——ホワイトホールも同じである。ブラックホールの周囲には軌道を回る惑星があるかもしれないが、ホワイトホールについても同じことがいえる、といった具合だ。みなさんは、ブラックホールに向かって落ちているのかもしれないし、ホワイトホールに向かって落ちているのかもしれない。

なんだか紛らわしいなあ……。ホワイトホールは、跳ね返ったブラックホールのようなものだ。ということは、跳ね返っている間は重力は引力ではなく斥力をもたらすはずだ、と考えたくなる。ところがそうはならない。重力による引力は、時間の方向をひっくり返したからといって斥力にはならないのだ[14]。太陽系を撮った動画を逆再生しても、太陽はやはり惑星を引きつけている。上に向かって投げ上げられて再び落ちてくる石の動画があったとして、たとえ動画を逆再生しても、石は上に向かって飛んでから下に向かって落ちてくる。つまり、地球に引っ張られているのだ。ブラックホールの外部は、時間の向きが逆さまになっても変わらない。外から見ると、ブラックホールとホワイトホールの振る舞いはまったく同じなのだ。どちらも質量であり、重力で物質を引きつける。

時間の伸縮性という魔法

いったいどうして、こんなことがあり得るのか。二つはまったく別物のように思われるのだが……。ブラックホールには入ることしかできず、ホワイトホールからは出ることしかできない。それでいてこの二つを見分けられないなんて、そんな馬鹿な。矛盾してるじゃないか。

いいや、そうではない。ここに来てついに、体系的な知識としての一般相対性理論の非凡な魔力が輝きを放つことになる。ここが、精妙かつもっとも美しい点なのだ。この節の残りの部分では、この点についてさらに細かく説明する。きわめて微妙で入り組んでいるので、たいていの人がここで迷子になる。たとえみなさんが迷子になったとしても、どうかご心配なく。その後の部分には、まったく影響しないから。この節の残りの部分を飛ばしたからといって、物語全体の理解が損なわれるわけではない。だとしても、もしも首尾よく話に付いてこられたなら、時間の相対性がもたらす結論に驚嘆するはずだ。

　というわけで、さあ、行きますよ！　石は、ホワイトホールから出ていくことができる。したがってわたしたちには、ホワイトホールから自由に遠ざかっていく石が見える。では、ブラックホールから自由に遠ざかっていく石を見ることはできるのか。なんだか、難しそうな気がするが……。ブラックホールから何も出られないとしたら、石が自由に遠ざかることなんかできそうにない。ところがじつは、遠ざかることができる。その理由は、次の通り。誰かが地平線をまたぐ寸前に猛烈な力で石を投げたら、その石は飛び去るはずだ。ただし遠くから見ていると、飛び去る石の動きはきわめて遅くなる。なぜなら遠方で見ている人の目には、地平線のすぐそばでのあらゆる動きがきわめて緩慢に見えるからだ。石が結局はブラックホールから遠ざかるにしても、（外から見ている人にとっては）ひじょうに長い時間がかかることになる。そのためその石は、はるか後になってから姿を現す。ということは、ホワイトホールから遠ざかる石が見えるように、ブラックホールから自由に遠ざかる石も見ることができる[15]。

　この議論は、逆向きにも成り立つ。ホワイトホールに向かって落ちる石は、地平線を越えられない。なぜならホワイトホールの地平線からは何も入ることができないから。だとすると、外から見ているのであれば、ブラックホールとホワイトホールは簡単に判別できそうな気がする。落ちていく石を見ていればすむことで、その石が穴（ホール）に入れば、穴は黒いといえる。ところがここで思い出していただきたいのだが、みなさんには、石がブラックホールの地平線に入る瞬間は決して見えない！　光が地平線から遠ざかるのに必要な時間がどんどん長くなるので、石がじりじりと地平線に近づくのは見えても、入る瞬間は決して見えないのだ。さらにホワイトホールに落ちていく石に関しても、まったく同じことがいえる！　地平線にじりじりと近づいていくのは見えても、入る瞬間は決して見えない。

　では、ホワイトホールに向かって落ちていくその石にはいったい何が起きるのか。結局は、地平線に達する前にホワイトホールから出てきた物質とぶつかることになる。この衝突は、石自体にすればごく短時間で起きるのだが、外から見ていると、きわめて長い時間がかかる（ここでも念を押しておくと、地平線に近づくと時間は遅くなる！）。

　これが、時間の伸縮性がもたらす魔法なのだ。黒い地平線と白い地平線は別物なのに、外部はまったく同じ。地平線や内部は白と黒の違い――未来と過去の違い――を示しているのに、外部は示していない。

　一九五八年にデヴィッド・フィンケルシュタインが発表した、地平線で起きることに関する論文の題名を思い出そう。「点粒子の重力場の『過去—未来』の非対称性」。この題名は、次のような重要な洞察を浮き彫りにしている。つまり、ブラックホールの外部の幾何学は時間の向きに影響されないが、地平線ではこの対称性〔変換に対する不変性〕が破れるのだ。地平線は時間の反転に対して不変ではなく、しかし外部は不変で、だからこそブラックホールでもホワイトホールでも外部は同じになる。これら二つの地平線はかくも異なっているというのに……。

これらすべてがまるでありそうにない話だが、それでも自然はこのように機能している。内部で起きていることがまったく異なっていても、地平線における時間の手品によって、ホワイトホールとブラックホールの外部は同じになる。

これが、あの日ハルが述べた決定的な所見だった。

外部では何も起きない

なぜ決定的かというと、この通りであれば、ブラックホールの内側では九四ページの図〔図21〕に示した通りのことが起きている、と考えられるようになるからだ。なんとも不思議なことに、地平線の内部では空間が図のように進化するのに、外部では……何も起きない！

量子トンネルは、時空が大きく歪んだ領域においてのみ生じるので、外部のまったく量子的でない領域で、すべてが一般相対性理論の予言通りに振る舞い続けたとしても、いっさい問題は生じない。

このためアインシュタインの方程式のブラックホールを表す解とホワイトホールを表す解は、方程式に背くことなく外側でぴたりとくっつけられる。これが、ハルが提案した「貼り合わせ」だ。方程式が破綻すると考えられるのは、歪みが大きくなりすぎて量子現象が生じる場所だけなのだ。

やったね！　わたしたちは、時間が止まったその先でブラックホールの内部において何が起こり得るのか、理に適う筋書きを見つけ出した。特異点を越えたところにあるのは、時間を反転させた解――つまりホワイトホールの内部――なのだ。外では何も起きない。摩訶不思議なことに、まるでガンダルフ〔トールキンの『指輪物語』に登場する魔法使いで、灰色だったのが白くなる〕のように、黒い地平線は白くなる。

あの日、あのときに感じたことを思い出す――ハルが直観した筋書きのピントが合い始めたときの感覚を。パズルのピース自体はすでに知っていた――トンネル効果に、アインシュタイン方程式のホワイトホールに繋がる解、ブラックホールに繋がる解、空間の大きさは無限に小さくなり得ないこと、ホワイトホールやブラックホールの奇妙な振る舞い、そして地平線の上で起きている事象と遠くから見た事象の間のとんでもない時間的な差も。さらに、落ちたものは跳ね返るのだからプランクスターも跳ね返り得る、という直観もあった。[16]それらのピースがぴたりと合ったのだ。

ただし、これはすべての科学パズルでいえることだが、なかにはうまくはまらずに棄てるピースが出てくる。跳ね返るその瞬間に、厳密には空間と時間に何が起きるのか。量子理論によれば、「量子飛躍の間に生じる何か」は存在しない。形も、大きさも、さらにいえば他のいかなる性質も持っていない。

筒がつぶれるのが次第に遅くなって、それからくるりと向きを変えて今度は膨らみ始めるところを思い描いてみれば、どんなことが起きるのか、大まかなところは察しが付く。だが実際には、この変化のなかで空間と時間はいったん溶け合って確率の雲となり、その後に構造を回復する。この場合の棄て去るべきピースは、自然界の事象はすべて常にあたかも空間と時間のなかで生じているかのように思い描ける、という認識なのだ。

未解決の問い

日が落ちる頃になっても、未解決の問いはたくさん残っていた。わたしたちは計算をしなければならなかった。類推を当てはめるのはたいへんけっこうだが、それらが幻でないことを確認するには演繹的に論を進めないと。自分たちの時空の幾何学を記述する方程式を書き下す必要がある。それらが遷移のその瞬間まで、アインシュタインの方程式と矛盾しないことを示さなければ。量子飛躍の確率も計算できるようにしなければ。

それから何日もかけて、これらの作業を行っていった。ワクワクしたし、楽しかった。切ったり伸ばしたりして、ピースが確実にはまるようにしていく。問題は、どの時空をとっても、それを記述する際の視点にほかの時空がいっさい含まれていないことだった。まさにこれこそが、アインシュタインをはじめとするすべての人々がそもそもの始まりから頭を悩ませていた問題であって、それを解明したのがフィンケルシュタインだった。この問題を解決するためのテクニック[17]は今やお馴染みのものだったので、それを使ってみると、すべてがうまくいった。そしてわたしたちはその結果を論文として発表した。[18]わたしたちの着想は、ゆっくり歩み出そうとしていた。

こうしてブラックホールがホワイトホールに変わり得るという仮説は、それを養い育てようとする人々の手に渡ったのだった。

――あの夏の夕暮れ、わたしたちは確かに幸せだった。軽く精妙なあの感覚に勝るものは、そうはない――素晴らしい着想を得て、それが正しいはずだとわかったときの感覚。ついに計算が合ったときの、それまで理解できなかった何かがどのように機能しているのかを見通せたときの、曰く言いがたい染みいるような、ぞくぞくちりちりする満足感。まるで、すべてが突然この世界とぴたりと合ったかのような……。

ひょっとするとそれは、仕事をうまくやり遂げたという感覚でしかないのかもしれない。庭の木戸を修理し終えたときに感じるのと同じ感覚。科学をしていると、ふだんは失望の連続だ。順調に進まない物事、誤った考え、失敗した実験、うまく合わない計算――時たまそこに喜びの瞬間が挟まる。たぶん、ほかにも何かがあったのだ――理解したいという自分たちの願望をほんの少しだけ満たす一歩を刻めた、「行って、見る」ことができた、という喜びが……そう、あの晩ハルとわたしはとても幸せだった。

それでもなお――これらすべてをもってしても――自分たちが真実を摑んだと納得するにはほど遠かった。科学は思い違いに満ちている――ひょっとするとこれも、勘違いなのでは?

あれから長い月日が過ぎた。ブラックホールからホワイトホールへの遷移という着想は展開され、多くの人々がさまざまな形で調べてきた。わたしたちは今、その証拠を天空に探している。それでもなお、今日のこの日になっても、自分たちが真実を懐(ふところ)に収めたと確信するにはほど遠い……。

> 科学者と自身の着想との関係は、決して一筋縄ではいかない。ひょっとするとその考えをどこまで信じているのかという点に関しては誰一人——自分自身に対してすら——完璧に正直ではいられないのかもしれない。……如才なく常識的に振る舞い、間違っているかもしれないということを認めなくては。だが心のなかは荒れ狂い、今にも叫び出しそうだ。「だとしても、物事はこうなっている。わたしはそう確信しているんだ！」と。わたしたちは自分の考え出したことと恋に落ちて、説き伏せられ……何が何でもその考えを守ろうとする。結局のところ科学界における評判は——わたしたちは子どもたちが甘いものにしがみつくように、その評判にしがみつく——その考えにかかっているのだから。それでも、だとしても……同時に心の奥底では疑いを……自分が間違っているのかもしれない、だまされたのかもしれない、という恐れを……抑え切れずにいる。科学とは、甘く切ないものなのだ〔七二ページのサッポーの詩の断片を参照〕。

科学者のなかでも群を抜いて理性的で冷静で知的で自閉的でもあったポール・ディラックはある講演で、優秀な科学者が重要な結果を得ながらめったにその先に進めないのは、その科学者自身が本人の得た結果を疑う最初の一人になるからだ、と指摘している。ディラックによると、今日彼の名前がついている方程式——近代物理学のもっとも名高い方程式の一つで、電子が動く様子を記述している——を発見したときにすぐに発表したのは、その方程式が第一近似として原子のスペクトルを正しく予測していることを示す計算だったという。第二近似を計算するだけの度胸がなかったのだ。計算間違いでもしようものなら、自身の方程式が誤りだということになってしまう。それが怖かった。

わたしたちの着想は持ちこたえられるのだろうか。自宅の裏にある森の巨木の下を歩きながら、わたしは自問する。あのアイデアが正しいはずだ、ということは自明な気がする。実際あらゆることを考慮すると、理屈からいってほかのことは起きるはずがない、だろう？　頭のなかで着想をあれこれといくらひねり回してみても、間違っていそうなところは見当たらない。かと思えば、わたしはにやっと笑って独りごちる。これまでも今も、じつに多くの誤ったアイデアが存在していて、取り組んできた人々からすればそれらは完璧に正しそうだったし、今も正しそうなんだよなあ……と。

……疑いがあろうとなかろうと、抱くのが希望であろうと恐れであろうと、あの宵のわたしたちは幸せだった。よい一日だった。一歩前に進んだのだ。どこに向かってなのかは、定かでなかったが……。これもまた、わたしたちの生きる縁（よすが）なのだ。

第三部

過去と未来

明敏な読者のみなさんは、ハルの着想の鍵が時間であったことにお気づきだろう。ホワイトホールは、時間が反転したブラックホールなのだ。

それにしても、ほんとうにそのような反転が可能なのか。ほとんどの現象は一つの方向にのみ進行する。それらの現象を時間のなかで逆転させることは不可能だ。落ちた卵は弾まない。過去と未来は異なる。

ここまでわたしが行ってきたブラックホールの生涯の再構成は、じつは単純にすぎる。なぜなら過去と未来を分かつすべてを無視しているからだ。しかも過去と未来を分かつ現象がたくさんあることは、間違いない。この描像を完成するには、時間のなかで反転できない現象を考えに入れる必要がある。ブラックホールの一生の「不可逆な」側面を。こうしてわたしたちは——またしても——時間の性質を巡る問いに至る。

何が過去と未来を異なるものにしているのか。なぜこの二つはまったく異なるのか。わたしたちはなぜ過去は覚えていても、未来は覚えていないのか。なぜ明日自分が何をするかは決められても、昨日したことは決められないのか。ここ数年、わたしはこれらの問いにじっくり取り組んできた。

この第三部では、ブラックホールの一生の不可逆な側面を取り上げる。まずは、科学者たちの諍（いさか）いのもとになっている現在進行形の面白い論争を紹介しよう。そしてそれから、近年わたし自身が時間の方向に関して理解できたと考えているいくつかの事柄――わたしにはそれらがとても美しく見える――を紹介したい。

第十二章　科学者たちの論争

スティーヴン・ホーキングは一九七四年に、意外な事実を発見した。ブラックホールは、熱を発しているのだ[19]。これもまた量子トンネル効果によるものだが、プランクスターの跳ね返りほど複雑ではない。要するに、地平線の内側に閉じ込められていた光子が、量子物理学が万物に提供する経路を辿って逃げ出す。つまり、地平線の下の「トンネル」をくぐるのだ。

このためブラックホールは暖炉のように熱を発することになる。ホーキングは、その温度を計算した。放射熱はエネルギーを運び去る。エネルギーを失うにつれて、ブラックホールは徐々に質量を失い（質量はエネルギーである）、どんどん軽く小さくなる。そしてその地平線は縮む。専門用語を使うと、ブラックホールは「蒸発」する。

熱放射はもっとも典型的な不可逆過程であって、一方向の時間のなかでしか生じず、反転させることはできない。暖炉は熱を放って、寒い部屋を暖める。ではみなさんは、寒い部屋の壁が熱を放って、温かい暖炉をさらに温めるのを見たことがありますか？　熱が生じるとき、そのプロセスは不可逆なのだ。実際、不可逆なプロセスにおいては必ず熱（か、それに類するもの）が生じる。[20]熱は不可逆性の徴（しるし）であり、熱が過去と未来を峻別する。*

したがってブラックホールの一生には少なくとも一つ、明らかに不可逆な側面がある。地平線は徐々に収縮するのだ。[21]

奇妙な空間の幾何学

けれどもここは、慎重に。地平線が収縮するからといって、ブラックホールの内部が小さくなるわけではない。内部はほぼそのままに保たれ、容積は増え続ける。縮むのは、地平線だけなのだ。ここがわかりにくいところで、多くの人が戸惑う。ホーキング放射は、主として地平線と関係する現象であって、穴（ホール）の内部の深いところとは関係がない。そのため、ひじょうに古いブラックホールには奇妙な幾何学が存在することがわかる。巨大な内部（は、引き続き大きくなる）と、それを取り囲む（蒸発したために）きわめて小さな地平線があるのだ。古いブラック

* この点に関しては、拙著『時間は存在しない』で広く論じた。

ホールは、ムラーノ島〔ヴェネチアン・グラスの産地〕の熟練のガラス吹き職人が作る瓶のようなもので、彼らは瓶の口を細くしながら容積を大きくすることができる。

このためブラックからホワイトへと飛躍する瞬間のブラックホールは、きわめて小さな地平線と広大な内部を持つことになる。寓話にもあるように、見かけはごく小さいのに、中には巨大な空間が広がっているのだ。


物語のなかでは、小さな小屋を見かけて中に入ってみると、巨大な部屋が何百もあったりする。そんなのはおとぎ話の世界のことで、とうてい不可能に思えるが、じつはそうではない。小さな球の中に広大な空間が封入されることは、実際にあり得る。

もしもこれが奇妙に感じられるとしたら、それは単に、空間の幾何学はごく単純で、学校で習ったユークリッドの幾何学そのものである、という考えに慣れ切っているからだ。しかし現実はそうではない。空間の幾何学は重力によって歪んでいる。だから、途方もない体積を小さな球面で囲むことができる。プランクスターの重力は、かくも巨大な歪みを引き起こすのだ。

それまでずっと大きく平らな広場で暮らしてきたアリが、小さな穴を抜けるだけで巨大な地下の車庫に出られると知ったら、びっくり仰天するだろう。わたしたちにとってのブラックホールは、この地下車庫と同じような存在なのだ。わたしたちは仰天するだけでなく、慣れ親しんできた考えを闇雲に信じてはならない、ということを学ぶべきだ。この世界は、わたしたちが思っているよりもはるかに奇妙で変化に富んでいる。

小さな地平線の内側に大きな体積が収まり得るという事実は、科学の世界にも混乱をもたらした。科学者のコミュニティは真っ二つに割れて、この話題を巡る論争が続いた。この章の残りの部分では、その反目について語りたい。この本のほかの部分より専門的ではあるが――飛ばしてもらってもかまいません――今も続く活発な科学論争の描写になっているはずだ。

情報の量をどう評価するか

二つの陣営が対立しているのは、体積は大きいのに表面積が小さい〔地平線は実際には面である（訳者あとがき参照）〕対象物にどれくらいの情報を入れることができるのか、その量の評価がまったく異なっているからだ。科学者のコミュニティの片方の陣営は、ブラックホールの地平線が小さければ少量の情報しか入らないと確信している。ところがもう一方の陣営は、それに異議を唱えている。

いったい全体「情報が入る」とはどういうことなのか。

おおざっぱにいうと、次のような感じになる。大きくて重い球が五つ入っている箱と、小さなビー玉が二十個入っている箱では、どちらにより多くのものが入っているのか。その答えは、「より多くのもの」という言葉の意味によって違ってくる。五つの球のほうが大きくて重いから、一番目の箱のほうがたくさんの物体、たくさんの物質、多くのエネルギー、多くのものが入っている。この意味では、球が入っている箱のほうが「多くのもの」が入っているといえる。

ところが数でいうと、球よりビー玉のほうが多い。この意味ではそちらの――具体的にはビー玉が入っている――箱のほうが、多数の要素、すなわち「多くのもの」が入っていることになる。一つ一つの球やビー玉に色を塗って信号を送ることにすると、ビー玉を使ったほうがたくさんの信号、たくさんの色、より多くの情報を送ることができる。なぜならビー玉のほうが数が多いからだ。さらに厳密にいうと、二十個の小さなビー玉を記述するには、五個の大きな球を記述するよりも多くの情報が必要になる。なぜならビー玉のほうがたくさんあるからだ。専門用語を使うと、球の箱にはより多くのエネルギーが入っていて、一方ビー玉の箱にはより多くの情報が入っている。

古いブラックホールはかなり蒸発しているので、ほとんどエネルギーを持っていない。なぜならエネルギーはすでにホーキング放射で運び去られているからだ。それでもなお、多くの情報を持っているということがあり得るのか。エネルギーはほぼなくなっているのだが……。ここから、騒々しい論争が始まる。

わが同業者のなかには、表面が狭いところに多くの情報を押し込むことはできない、と確信している人々がいる。つまり彼らは、エネルギーの大半が失われて地平線がきわめて小さくなると、内部にはほんのわずかな情報しか残り得ない、と得心しているのだ。

一方これとは異なる考えを持つ科学者もいて（わたしもその一員だ）、逆のことを確信している。内部には——たとえそれがほぼ蒸発したブラックホールであったとしても——やはり大きな情報が存在し得る、というのだ。そして双方ともに、踏み迷っているのは相手のほうだと思い込んでいる。

このような意見の不一致は、科学の歴史にはよく見られることで、物理学という分野に風味を添えているといってもいい。このような不一致が長く続くこともあって、科学者たちは二手に分かれ、言い争い、叫び、延々と論争が続き、乱闘を始め、互いの喉元に飛びかかる。それから徐々に霧が晴れ、どちらかが正しく、もう一方は間違っていたことがわかる。

たとえば十九世紀末の物理学界は、二つの激烈な党派に分かれていた。片やマッハに追随する一派で、原子はご都合主義の数学的な作り物でしかないと考えていた。一方ボルツマンを支持する一派は、原子が実際に存在すると確信していた。じつに猛々しく悪意に満ちた論争だった。エルンスト・マッハは抜きんでた存在だったが、結局正しかったのはルートヴィッヒ・ボルツマンだった。わたしたちは今や、原子を顕微鏡で見ることができる。

思うに、小さな地平線にはわずかな量の情報しか入らないと確信している同業者たちは——たとえ一見彼らの主張に説得力があるように思われたとしても——じつは深刻な間違いを犯している。はたしてどのような間違いなのか。

目に見えるものの向こう側

彼らはまず、エネルギーと温度の関係から出発して、対象を形成する基本的な構成要素がどれぐらいあるのか(たとえば分子がいくつあるのか)を計算できる、と主張する。[22] ブラックホールのエネルギー(すなわちブラックホールの質量)とその温度(ホーキングが計算した値)はわかっているから、後は計算をすればよい。そしてその結果、地平線が小さければ小さいほど、基本的な構成要素の数は少なくなることが示される、というのだ。

次に彼らは、これらの基本的な構成要素を数えるための明確な計算が存在する、と主張する。量子重力に関するもっともよく研究されている二つの理論——ひも理論とループ理論——のどちらを使っても計算は可能である。互いの最大の好敵手たるこの二つの理論を用いた計算は、一九九六年に数か月の差で完了した。[23] そしてどちらの理論でも、地平線が小さいと基本的な構成要素の数は少なくなった[24]。

　この二つは、強力な主張のように思われる。多くの物理学者が、これらの議論に基づいてある「定説（ドグマ）」（彼ら自身がそう呼んでいる）を受け入れることにした。表面が狭ければ、そこに入る基本的な構成要素の数は必然的に小さい、という定説だ[25]。地平線が小さいブラックホールの内部には、わずかな情報しか存在し得ない。この定説を裏付ける証拠がかくも強力だとすると、いったいどこに間違いがあるのか。

　間違いは、この二つの主張がいずれも、ブラックホールがブラックである限りにおいて外部から検出できる構成要素だけを問題にしている、という点にある。しかもそれらの構成要素は、地平線上にあるものに限られる。言葉を換えると、いずれの主張においても巨大な内部に存在する構成要素は無視されているのだ。これらの主張は、ブラックホールから遠く離れていて内部が見えず、ブラックホールはどこまで行ってもブラックホールのままだと考える人の視点で定式化されている。かりにブラックホールが永遠にそのままだとすると――よろしいか――そこから遠く離れた人々には、その外側にあるものと地平線上にあるものしか見えない。彼らにとって内部は存在しないも同然なのだ――彼らにとっては。

　だが、内部は存在している！（わたしたちのように）敢えて中に入ろうとする人々にとってのみならず、黒かった地平線が白くなって内部に閉じ込められていたものが出てこられるようになるまでひたすら辛抱強く待てる人々にとっても、存在する。言葉を換えると、ひも理論やループ理論を用いてブラックホールの構成要素の数を計算しさえすればすべてが尽くされたと考えると、一九五八年のフィンケルシュタインの論文は理解できなくなる。ブラックホールを外側から記述しただけでは、不足なのだ。

ループ量子重力に基づく計算を見るとよくわかるのだが、構成要素の数は、地平線〔実際には面〕の上の空間量子の数を数えることによって正確に計算されている。ところがよくよく見ると、ひも理論に基づく計算もじつはこれと同じことをしている。ブラックホールが不変だと仮定して、遠くから見えるものに基づいて計算を行っているのだ。つまり前提からいって、穴(ホール)が蒸発し終えたとき——つまりもはや不変ではなくなったとき——に遠くから見えるはずのものや内部にあるものは無視されている〔ブラックホールの内側が不変ではなく変化していることを思い出そう。長い筒は、伸びながら細くなっている〕。

思うに我が同業者たちの確信は、一つには短気〔彼らにすれば、蒸発が終わると必然的に量子重力が関わってきてしまうので、蒸発が終わる前にすべてが解決してほしい〕ゆえの誤りであり、さらには、今直接目に見えるものの向こう側を考慮するのを忘れたせいでもある。わたしたちは人生において、この二つの過ちを頻繁に犯す。

パラドックスは存在しない

件の定説を積極的に支持する人々は、ある問題に直面する。彼らが「ブラックホールの情報パラドックス」と呼んでいるものだ。蒸発したブラックホールの内側にはもはや情報は残っていない、と彼らは確信している。しかるに、ブラックホールに落ちる物はすべて情報を運んでいる。このため穴には膨大な情報が入るはずなのだ。ちなみに、情報は消え失せない。だとすると、どこに行くのか。

定説を信じる人々は、このパラドックスらしきものを解決するために、たとえば次のように考える。情報は、奇っ怪かつ摩訶不思議な形で、おそらくホーキング放射の襞に隠れて穴から逃げ出すのだろう、ちょうどオデュッセウスとその仲間が羊の皮を被ってキュクロープス〔一つ目の巨人族〕の洞穴から逃げ出したように。かと思うと、おそらくブラックホールの内部は目に見えない仮想の管で外と繋がっているのだろう、と推し量る……。要するに、藁にすがるのだ。困難に陥った定説の信奉者はみなそうだが、定説を守るために、じつに創意工夫に富んだ方法を見つけ出す。

だが地平線から入った情報は、誰も知らない摩訶不思議なやり方で逃げ出すわけではない。黒い地平線が白い地平線に変わった後で出ていくにすぎない。

スティーヴン・ホーキングは晩年よく、人生のさまざまなブラックホールを恐れる必要はまったくない、といっていた。遅かれ早かれそこから抜け出すことができるのだから、と。確かに。ブラックホールの子孫であるホワイトホールを通れば、抜け出すことができる。

だが意見の不一致があるところには、疑いも生まれる。もしもこちらではなくあちらが正しかったとしたら、どうすればよいのだろう。文献を読み、あちらの推論を理解しようと努め、自らに問うて……。

だがそれをいうなら——最終的にそれでも相手が間違っていると思うのなら——達人の声に耳を傾ける勇気を持つべきなのだ。人々には言わせておけ。いかなる風に揉まれても揺らぐことのない塔のように、しっかりと立ち続けよ。*

とどのつまり——結局のところ——科学をすることの意味はそこにある。その目的は、まわりの人々を説き伏せることではなく、事実を偽りなく理解することにあるのだ。やがて、明晰さが姿を現すはずだ……その時が来れば……独自の径(みち)を経て。己を信じるには、無限の謙虚さが必要だ。けれども人気（ひとけ）のない平野を抜けてゆくには、**無限の尊大さも必要だ。この道を切り開いてきた人々がすべてそうであったように。

わたしは著作をまとめるにあたって、常々二通りの読者を想定している。一つ目は、物理学のことをまったく知らない人々。わたしは彼らに、研究の魅力を伝えようとする。そしてもう一つが、すべてを知っている人々。彼らには、すでに知っていることに関する新たな視点を示そうと努める。どちらに対しても、問題の核心に迫ることを目指し、省けるものは極力省く。物理学のことをまったく知らない人々にとって、細かいことは不要であり、負担だろう。一方専門家にすれば、細かいことはすでに知っており、改めて聞かされたところで関心は持てない。新たな展望が欲しいのだ。

ところがそのせいで、わたしは両者の中間に位置する読者——この分野のことをある程度知ってはいるが、まだ完全に浸り切っていない人々——の機嫌を損ね、時にはいらだたせる。たとえば物理学科の学生たちがそうで、わたしの著作に対する彼らのレビューは最悪だ。彼らの気持ちは、わたしにも理解できる。苦労して学んできた細部を飛ばされて、物事が（教科書という）聖なる書物とはまるで違うやり方で提示されているのを見れば、カチンとくるだろ

* 煉獄篇V　ヴェルギリウスはここでダンテに、人々のつぶやきを恐れずに我が道を進み続けなさい、という。

** 煉獄篇I　孤独の瞬間にダンテが発した言葉。

う。この点に関しては、謝るしかない。

だが、わたしが若き同業者たちを時折いらだたせるのには、もう一つ別の理由がある。わたしが専門用語――この商売に固有の言い回し――を使わないからなのだ。みなさんが、「ジブ〔ヨットのマストの前に張る三角の帆〕を緩めて！」という代わりに、「小さい帆にくっついている短いロープを放して！」と叫んだら、水夫がどれほどのショックを受けるか想像してみていただきたい。だが初心者にすれば間違いなく、「小さい帆にくっついている短いロープを放して」のほうが「ジブを緩めて！」よりはるかにわかりやすい。つい最近この数ページに書かれている内容を学んだばかりの学生は、きっと今頃頭をかきむしっているはずだ。いったい全体ロヴェッリは、どうして正確な言葉を使わないんだ！　と。その救済手段として、ここまでの数ページを物理の専門用語に翻訳したものを、注として置いておく。この注は、まったく同じ内容を専門用語で語ったものだ。これならすでに物理学の世界に足を踏み込んだ読者も、少しは心が安まり、ほんの少しだけ正確な議論を知ることができるはずだ。[26]

第十三章　ホワイトホールの地平線

なにはともあれ、先に進むことにしよう。「情報のパラドックス（はパラドックスではない）」を巡る論争はさておき、その前に戻ってみると……。熱した暖炉が冷えるのと同じように、ホーキング放射も不可逆である。したがって、ブラックホールの一生も可逆ではない。つまり、完璧に跳ね返ることはあり得ないのだ。

ここでもう一度、ボールが地面で弾む場合を考える。先ほどわたしは、上に向かって跳ね返る動きは、落ちるときの動きを時間を反転させた形で正確に反映している、と述べた。しかしこれは必ずしも正確ではない。空気の抵抗があるから、落下速度は遅くなり、跳ね返った後に上昇する速度も遅くなる。それに地面で跳ね返る際も、弾性は完璧ではなく、跡が残る。これらは不可逆な現象であり、それによってボールのエネルギーは熱となって散逸する。そしてその結果、跳ね返った後のボールが上昇する様子は、厳密には落下の様子と同じにならない。落ちる前の高さまでは戻らないのだ。いいかえると、ボールの跳ね返りは、第一近似としてのみ可逆なのだ。さらに細かく見ていくと、ある不可逆な現象のせいで、この過程全体が時間のなかでじつは非対称になっていることに気がつく。すなわち、過去と未来は異なるのだ。

同じことは、プランクスターについてもいえる。ブラックホールは、ホーキング放射によってエネルギーを失う。どんどん小さくなってゆき――星が跳ね返ってホワイトホールになっても、最初のブラックホールの大きさには戻らない。小さいままだ。こうして形作られたホワイトホールは、親世代のブラックホールより小さくなる。

ホーキング放射によって地平線は縮み、ついにはきわめて小さくなる。その時点で地平線のまわりの時空の歪みはひじょうに大きくなっており、わたしたちは完全に量子の領域に入る。そして、黒(ブラック)から白(ホワイト)への飛躍の確率はきわめて高くなり、飛躍が起きる。[27] しかしホワイトホールには、再び大きくなるだけのエネルギーがない。ひじょうに小さいままで、きわめて長時間ごく弱い放射を行った挙げ句、[28] 完全に消えてしまう。

エネルギーの径と情報の径

このように、プランクスターの一生の間にエネルギーと情報が辿る径は、大きく異なっている。星が最初に持っていたエネルギーは、ホーキング放射によってあらかた失われる。星がエネルギーを失う様子はじつに奇妙で、純粋に量子的だ。ホーキング放射には負のエネルギーの成分（そう、量子世界ではエネルギーも負になり得る！）があって、それがブラックホールの中に入る。これがブラックホールの質量をがつがつ食らい、ついにはブラックホールを食い尽くし、そのエネルギーはほぼ消滅する。そして残ったごくわずかなエネルギーだけが、ホワイトホールの地平線に達するのだ。エネルギーの大半は、このように流れる［次ページ、図22］。

一方、ブラックホールの地平線から入った情報は、量子飛躍が起きるまで、そこに閉じ込められている。そして飛躍によって放たれると、光の世界に戻っていく〔地獄篇第XXXⅣ歌〕［一三一ページ、図23］。

きわめて小さな地平線からエネルギーの低い情報を多数放出するには、ひじょうに長い時間がかかる（ごく小さな開口部から膨大な数のごく小さなビー玉を出すところを考えてみていただきたい）。情報が出切ってしまうまでに長い時間がかかるのだ。このため、ホワイトホールの寿命は長くなるはずだ。

内部に残っていたエネルギーや情報がついに洗いざらい出てしまうと、プランクスターの跳ね返りの長く幸せな一生は終わり、ホワイトホールの地平線は消える。

［図22］エネルギーの推移のイメージ

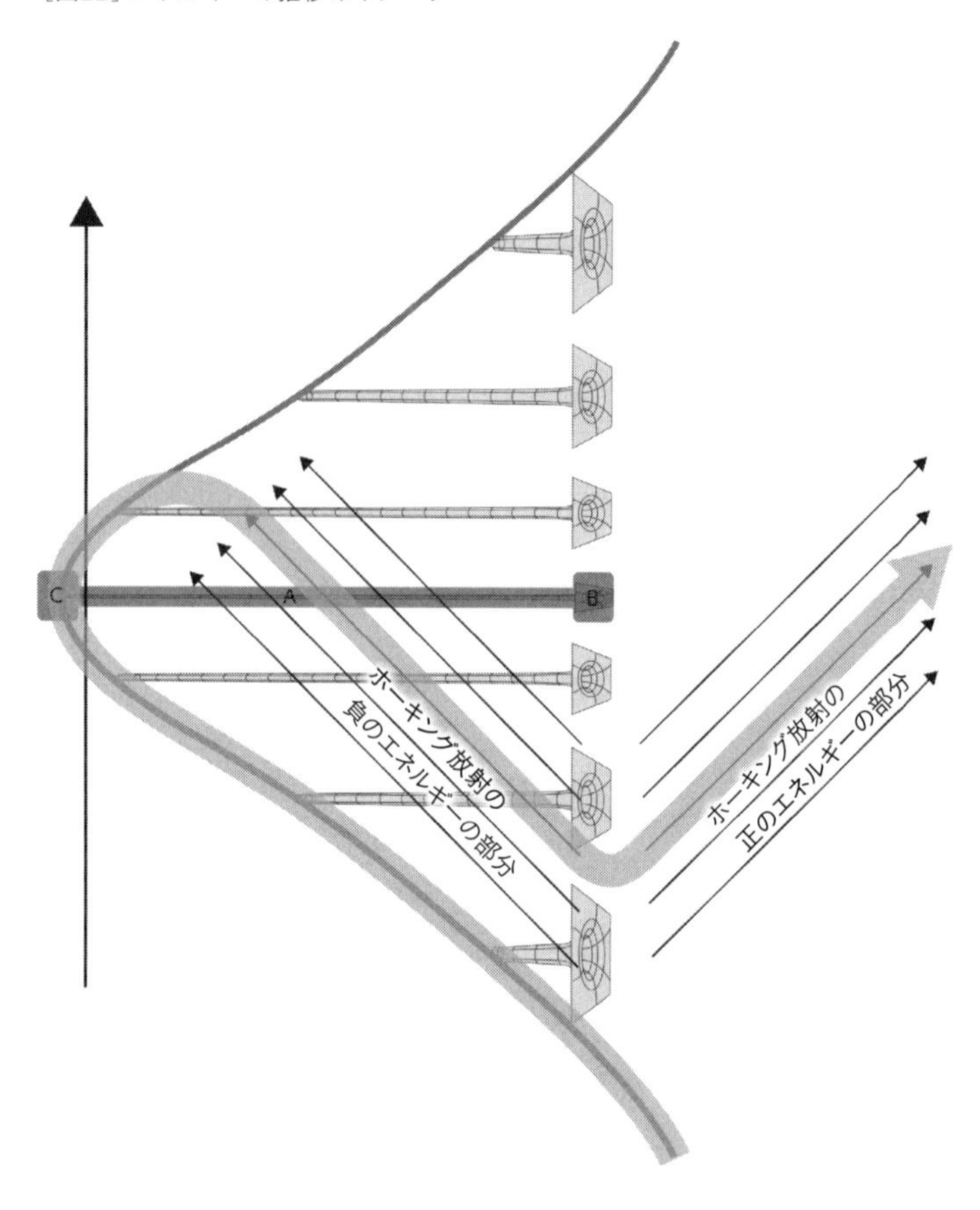

ブラックホールのエネルギーは、ホーキング放射により、正のエネルギーとして放出されると同時に、放射による負のエネルギーと相殺されて、減じてゆく

［図23］情報の推移のイメージ

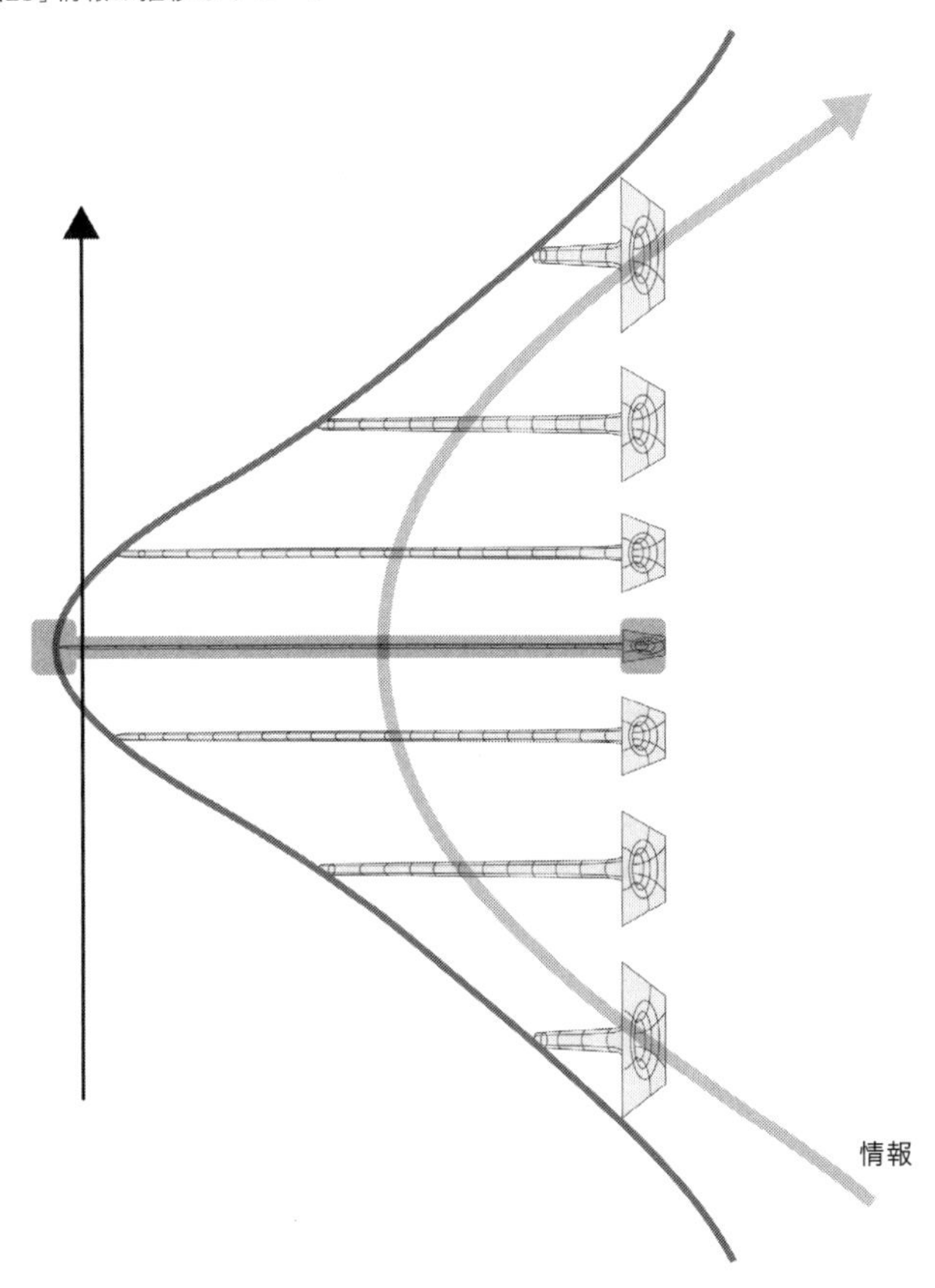

ブラックホールの地平線から入った情報は、量子飛躍によって放たれて、ホワイトホールの地平線から出ていく

第十四章　過去と未来は何ゆえ異なるのか

わたしたちはこの物語の終わりに近づいている。しかるに、時間が持つ可逆的な面と不可逆的な面とが曰く言いがたい形で繋がっていることから、時間の「流れ」――時間の経過――を巡る一般的な問いが生じる。そこでこの短い物語を締めくくる前に、ほんの少しだけこれらの問いに触れておきたい。

跳ね返りが可能なのは、時間の反転に関して対称だからだ。そうはいっても、時間の向きが変わるわけではない。跳ね返りのまさにその瞬間は時間の反転に関して対称だが、プロセス全体としては対称でない。ブラックホールやホワイトホールの内部における途方もない時間の歪みによって、わたしたちの時間感覚は大混乱を来す。だがそれによって時間の向きが――その永遠に不変な流れが――影響を受けるわけではない。それでもやはり、過去は未来と異なっているのだ。何故（なにゆえ）に？

物理学は時間の向きについて、じつに奇妙なことを教えてくれる。それに、鋭い読者の方々は間違いなく、わたしが前に〔七八ページ〕「物理学の基本方程式では過去と未来は区別されない、したがってこれらの方程式は時間の方向を明示していない」と述べた時点で、さまざまな疑問を抱いていたはずだ。それでいてわたしはその後も、時間のなかで方向付けられた現象について語り続けていた。この世界の基本となる文法に時間の向きが示されていないとなると、いったいそれはどこから来ているのか。

わたしたちは一つの「解」を生きているにすぎない

それは、わたしたちが物理学の基本方程式の数多ある解のなかの一つを生きているにすぎない、という事実から来ている。この解のなかでは、わたしたちには過去が特別なものに見えるのだ。いうなれば、過去と未来の差違は、山岳地帯に暮らす人の目に映る地理的な二つの方向の差違と少しばかり似ている。ある方向——たとえば北——に進むと地面が高くなっていく。それとは別の方向——たとえば南——に向かうと地面が低くなる。だがこれは、南北と上下とが本質的に結びついているからではない。むしろ、そのあたりでたまたまそうなっているだけのことなのだ。モンブランのイタリア側では「上へ」という言葉は北を指すが、フランス側では南を指す〔モンブランはイタリアとフランスの国境にあって、南がイタリア、北がフランスである〕。これと同じように、時の流れに抗いがたいと感じるのも、たまたま事物がある配置になっている、その様子が反映されているだけのことなのだ。

プランクスターについても、同じことがいえる。過去と未来が異なるのは、時間そのものが根本において非対称だからではない。地理の例で述べた山の頂のように、過去がたまたま特殊だったから、違いが生じているのだ。ここで少し考えてみていただきたいのだが、遠い未来には、エネルギーはホーキング放射によってあまねく散逸し、天空を満たすことになる。一方過去においては、エネルギーは自重で崩壊する星のなかに凝縮されていた。この過去が、特殊だったのだ。過去が独特なのは、——一般に、未来においては散逸するのが自然なのに——エネルギーが凝縮していたからだ。過去に向かう方向が特別なのは、どの山村でも山の頂上に向かう方向が「特別」なのと同じことなのだ。

過去と未来が基本的に等価であるというこの点については、拙著『時間は存在しない』で詳細に語った。だが、この考えを咀嚼(そしゃく)するのはそう簡単ではない。なぜならわたしたちのもっとも基本的な直感に反するからだ。はたしてほんとうに過去と未来の違いのすべてを、かつて偶然がもたらした事物の配置に帰着させることができるのか。

わたしたちの直感は、まさに正反対を指している。過去は未来とは根底から違っている、と告げているように見えるのだ。わたしたちの直感によれば、方向付けられた時間のなかの流れこそが現実の本性であり、過去は決まっているが、未来は不定である。物事を感じ取るわたしたちの力は、はたしてそこまで的外れであり得るのか。そしてもしこの感覚が間違っているとしたら、なぜここまで徹底的に誤った形で物事を把握しているのか。

わたしは、これらの問いを頻繁に自分に投げかけてきた。何年にもわたって、地平線の可逆な面と不可逆な面を行ったり来たりしながら、ホワイトホールやその時間の歪みに関する研究に心血を注ぎつつ……。

過去と未来を峻別するもの

わたしたちが直接知っている現象のなかには、過去と未来を根底から峻別するものが二つある。どちらもきわめて平凡で基本的に見えるので、時間そのものには方向がないという考えを受け止めることすら不可能になっている。二つが二つとも、過去と未来の非対称性をじつに鮮やかに示していて、とうてい動かせないように見える。一つ目は、わたしたちには過去はわかるが未来はわからない、という事実。ここから、過去は固定され、決定されているように見える。二つ目は、わたしたちには未来は選べても過去は選べない、という事実。未来には制限がなく、決定されていないように見える。かくも基本的に見える過去と未来の間のこれらの相違が、事物の偶然の配置によるものでしかないなんて、そんなことがあり得るのだろうか。

これはじつに驚くべきことだが、それでも解明できる、とわたしは考えている。そこでこの本を締めくくる前に、この点に触れておきたい。

第十五章　わたしたちは未来を思い出すことができない

今、水の入った水槽が二つあるとしよう。短い管で繫がっており、水路は開け閉めできるようになっている。

水路の仕切りを開くと、二つの水槽の水位は同じになる。これは平衡状態であって、放っておいても何も起きない。すべてが静止していて、過去と未来は区別できない。入っている水の様子を動画に撮ってそれを逆再生しても、元の動画と見分けはつかない。

今、仕切りを閉じて片方の水槽に水を加えると、そちらの水位が上がる。各水槽は単体では平衡状態だが、二つの水槽全体としては互いに対して平衡状態になっていない。非平衡状態であるにもかかわらず、仕切りが閉じられて拡散が阻止されているために、その状態が保たれているのだ［次ページ、図24］。この場合も、すべては静止しており、過去と未来は区別できない。水の様子を動画に撮っても、再生と逆再生の見分けはつかない。

次に、ほんの少しの間だけ仕切りを開くとどうなるか。水路に水が入ってきて、水位の低い

［図24］仕切りを閉じて片方の水槽に水を加える

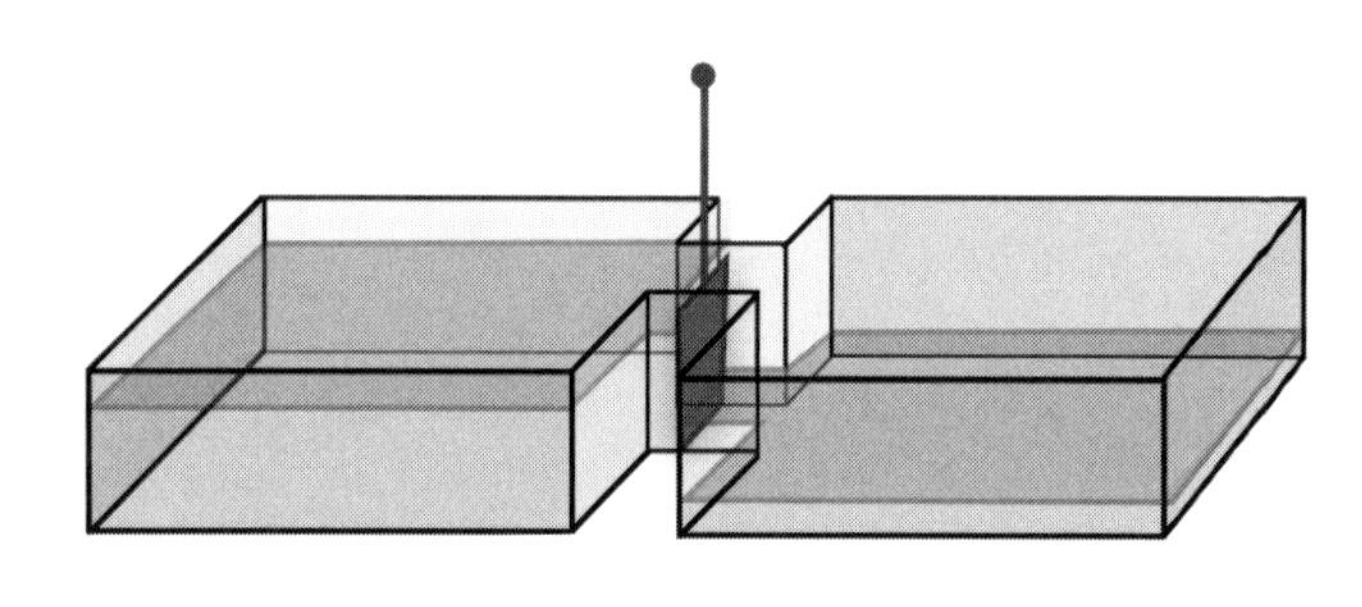

水槽に向かって流れ、生じた波がそちらの水槽に広がる［図25］。

波は水槽の側面にぶつかって跳ね返り、散逸して、しばらくすると再び水は動かなくなる。そして、二つの水槽の水位の差は、ほんの少し小さくなる。

日常生活におけるわたしたちの経験のあちこちに、このような過程が丸ごと組み込まれている。仕切りを開けることで解き放たれる波のエネルギーは、「自由エネルギー」と呼ばれている。自由エネルギーは消耗する。波が収まったときにはもはや存在せず、「散逸」している。水の分子の間に消散――言葉を換えれば、水の分子の無秩序な動きのなかに拡散――したのだ。自由エネルギーは、熱として散逸した。

一連の経過において特に興味深いのが中ほどの段階――仕切り板を開いてから、再び波が静まるまでの段階

［図25］ほんの少しの間、仕切りを開く

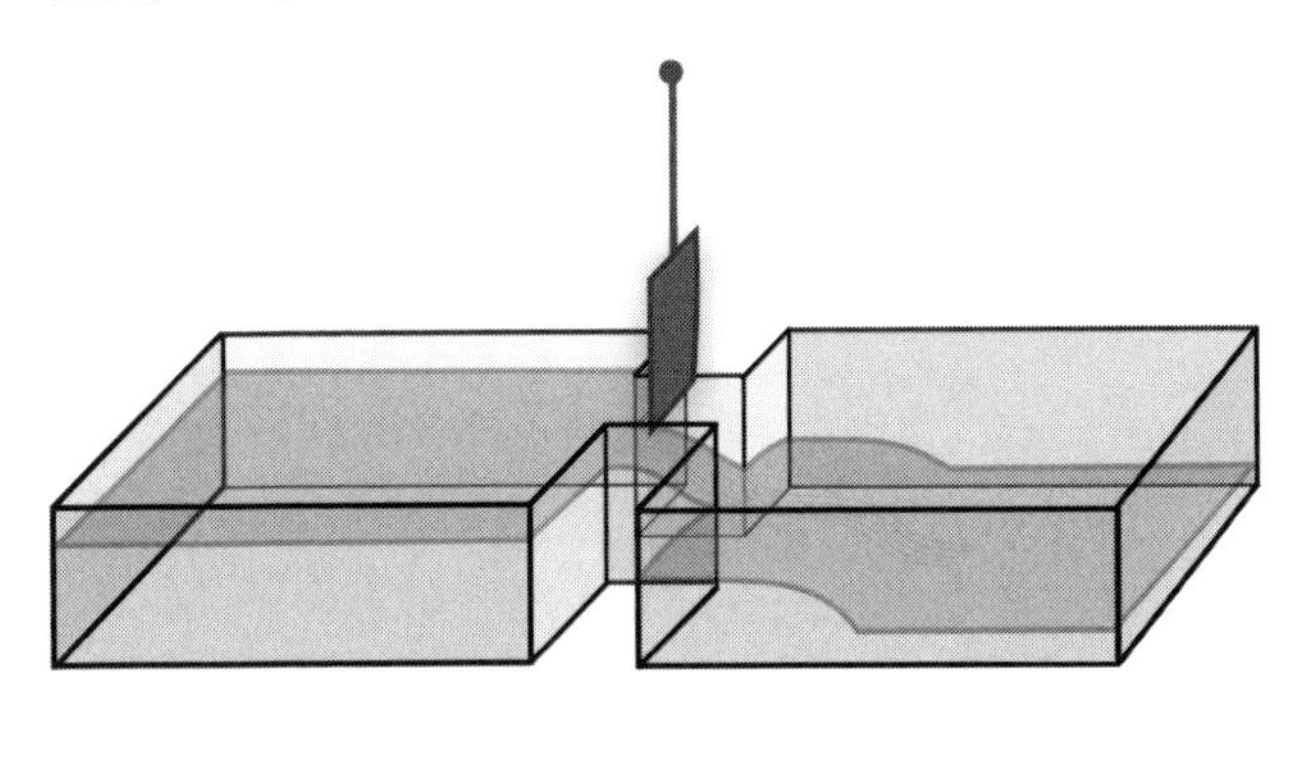

——である。この間に起きることは（そしてそれだけが）、時間のなかで方向付けられている。この部分の動画を逆再生すると、理屈に合わない光景を目撃することになる。何の理由もなく、水が勝手に沸き立って波となり、水路に入り込んで、仕切りが閉じられる寸前に、その板のあたりに集まる。こんなことは、実際にはあり得ない。

より水位の低い水槽へと向かう水の動きは、不可逆な現象なのだ。ちょうど、割った卵が二度と元には戻らないように。仕切り板を開く前はすべてが可逆だったわけで、不可逆性は中間の段階にある。

不可逆性を引き起こす三つの要素

今、この不可逆性が、次の三つの要素によって引き起こされていることに注意しよう。最初の非平衡状態——

二つの水槽の水位は異なっていた――と、その非平衡を長時間保っていたもの――つまり仕切り――と、新たな平衡状態に達するには時間がかかるという事実。最初の非平衡状態と、時折相互に作用し合う互いに孤立した複数の系と、平衡に至るまでの長い時間。これら三つの条件は、わたしたちが暮らすこの宇宙の至る所に存在する。

(1)

過去において、宇宙はひじょうに凝縮していた。これは非平衡状態である。

(2)

宇宙は、「仕切り」によって保たれた非平衡状態に満ちている。たとえば水素とヘリウムは、水槽の水のような非平衡の状態にある。それらが平衡するのを妨げる「仕切り」となっているのは、温度の低いところでは水素はヘリウムに変換されないという事実だ。たまさか巨大な水素の雲が重力によって凝縮し、押しつぶされて熱くなる。温度が上がれば、ヘリウムへと変わる可能性が開かれる。水素とヘリウムを隔てていた「仕切り」が開かれるのだ。そして星が誕生する。星は水路となり、二つの水槽の繋ぎ目のように径を開く。星の中では水素がヘリウムに変換されて、平衡に近づく。このプロセスは、より水位の低い水槽に流れ込む水の波と同じように不可逆である。

（3）

水槽の水は数分後に平衡状態に達するが、太陽のような恒星は何十億年も燃え続ける。太陽が生み出す不可逆な波は、より水位の高い水槽から押し寄せる波のように日々地球に打ち寄せて、無数の不可逆な過程を引き起こし、やがて生物圏が形作られる。わたしたちヒトをはじめとする生き物は、開かれた仕切りから流れ出る水の波が作る渦巻きのようなものだ。わたしたちは、水素とヘリウムの非平衡に押し込められ、太陽によって解き放たれた自由エネルギーの不可逆な泡なのだ。

こうしてわたしたちは、いよいよ本題に入る。一三九ページの図［図25］を見ると、水は接続部分に流れ込んでいる。ほかにいっさい情報がなくとも、これを見れば、つい最近仕切りが開いたばかりだとわかる。波が、その前に何かが起きたということ——仕切りが開いたということ——を立証している。現在の何かがわたしたちに、過去の出来事を教えているのだ。

痕跡や記憶や観察は、すべてこのような不可逆の現象である。これらが生じるには、先ほど挙げた三つの条件があればよい。1. 互いに非平衡な状態にある複数の系が存在すること、

2.それらがたまさか相互作用をすること、3.痕跡、記憶、記録を保存する系が、しばし平衡から外れていること。

　そもそも過去に非平衡が存在したからこそ、現在に過去の痕跡があるのであって、あらゆる痕跡の形成は平衡へと向かうプロセスの中間段階にほかならない[29]。現在に過去の痕跡があるとしたら、それはひとえに過去に非平衡が存在したからだ。

　まさにそれゆえに――過去に非平衡があったからこそ――、わたしたちに過去は思い出せても、未来は思い出せない。わたしたちが過去を知っているのは、現在に――たとえばわたしたちの記憶のなかに――その痕跡があるからだ。過去が定まっているというのは、自分たちが過去の痕跡を多数持っているということでしかない。時間に固有の方向があるから、過去を知ることができて過去が定まっているわけではない。わたしたちが過去と呼んでいるもの、それはどこかの時点における事物の配置の様子なのだ。過去の非平衡だけが、痕跡を作り出す[30]。

　月に落下する隕石は、自由エネルギーを運んでくる。クレーターはその痕跡だが、事物が絶えず崩壊するなかで、ついにはそれもかき消される。その中間段階では、クレーターが衝突の痕跡――衝撃の記憶――になる。痕跡は、この中間段階で存在するものなのだ。クレーターは水槽の波のようでありながら、波よりはるかに長い間存在し続ける。同じことは写真や、わたしたちの頭のなかの記憶についてもいえる。それらが存在するのは、その系（カメラのフィルムや、わたしたちの脳）に、その系と平衡していない別の系から自由エネルギーが到達したからであり、平衡を取り戻すのに時間がかかるという事実があるからだ。

わたしたちが、過去は思い出せても未来を思い出せないのは、ひとえに、過去のある時点において宇宙が今よりもっと平衡から遠い状態にあったからなのだ。

やがて系が完全な平衡に達すると、もはや痕跡もなく、記憶もなく、過去と未来を見分ける縁（よすが）はいっさいなくなる。遅かれ早かれすべての記憶は消え去り、時間による損耗によって無に帰す。わたしたちが誇る文明の、わたしたちが理解したすべての、この本のような書物のなかの言葉の、わたしたちの論争の、そしてわたしたちの死にものぐるいの情念と愛の痕跡は……遅かれ早かれ、すべて消え去る。

第十六章　わたしたちは過去を選べない

過去と未来が根本的に似通っているということと相容れないように思われるもう一つの現象――記憶よりも密接にわたしたちと関わっている現象――として、未来は選べても過去は選べない、という事実がある。わたしたちは決断を下すにあたって、よい点と悪い点を考え、手持ちの情報を検討して記憶を辿り、目的を厳密に評価して自らの価値観を考慮し、自分たちの動機と欲求と根底にある倫理的信念とを秤にかける。そうやって考えを進めた末に、決意する。「うん、すべてを勘案した結果、棚にあるチョコレートバーを取りに行くことにしよう」と。

決断は、複雑なプロセスになり得る。コンピュータがチェスをする際に、「長考」してコマの動きを決めるのは、わたしたちと同じこと――といっても人間ほど複雑ではないが――を行っているからだ。「決断する」というのは、わたしたちが行動を起こす前にニューロンの間で生じるこの複雑な過程につけられた呼び名なのだ。そのこと自体は奇妙でも何でもない――この世界は、複雑な過程に満ちているのだから。しかし決断にはもう一つ、固有の重要な側面がある。わたしたちは「自由に」決断できる。さんざん思い悩んで評価を下した挙げ句であろうと、何も考えず直感的にであろうと、予測不能なやり方で自発的に決断しているのは、このわたしたちなのだ。世界は、わたしたちの自由な決断に従って、異なる未来に進んでいく可能性がある。結局のところ、わたしたちはチョコレートバーを食べなかったかもしれないわけで……（と、わたしたちはいうのだ――食べてしまってから）。わたしたちは「自由に」決断できる。ただしそれは未来についてであって、過去についてではない。

いったい時間のこの非対称性は、どこから来ているのか。

決断という不可逆な一歩

ここでも答えは同じで、それは、わたしたちの暮らすこの世界が非平衡であるというところから来ている。決断もまた、平衡へと向かう不可逆な一歩なのだ[31]。選択の自由は実在するが、それは事象のマクロな記述に関わるものであって、ミクロな記述とは関係ない。枝分かれするのはマクロな物語なのだ。なぜそのようなことが可能かというと、異なる複数のマクロの未来が単一のマクロの過去と両立し得るからだ。さらになぜそのようなことが可能になるかというと、まさにその一つのマクロの過去に多数の異なるミクロの過去が対応しているからなのだ。

わたしたちが追い求めるかくも尊い*自由は、現実のものである。だがそれは、十七世紀にスピノザが解明したように、己がどのように決断するかを予測する際に、選択の過程で起きる事柄をすべて完璧に脳裏に再現することはできない、という事実に対してわたしたちがつけた呼び名なのだ。スピノザは、次のように記している。「人が自由を感じるのは、己の選択と欲求は自覚しても、自分たちにそれを望ませ選ばせた原因に頓着しないからだ。彼らはそれらの原因を一顧だにしない[32]」。そしてさらに、「人は自分自身の自由意志によって、何かをしたり、しないでいられると考え、自分の意見は自由意志だけで構成されていると思っている……自分たちをそうさせている原因は顧みないのだ」と述べている[33]。

眠ることができなくなった漁師の間違い

奇妙なことに、この事実を知って動揺する人がいる。だが思うに、彼らは間違っている。あの老いた漁師と、同じ間違いを犯しているのだ[34]。

昔々あるところに、老いた漁師がいた。老人は日没が大好きだった。水平線が真っ赤に燃え上がり、太陽がゆっくりと、そして堂々と大海原に落ちていく。空は、さわやかな東洋のサファイアの色に染まり、星が一つまた一つと姿を現す。[**]
そんなある日、町から一人の男がやってきて、老人に告げた。「ご存じの通り、太陽は海に沈んだりはしない。あいかわらず空にあって、常に輝いている。あんたが目にしている光景は、視点による錯覚なんだ。今わたしたちが立っているこの惑星の回転がもたらすものなのさ」と。老人は茫然自失。町から来た男の言葉を信じて、不安になり始める。日没は幻で——とあの男はいっていた——それはつまり現実ではないということだ。わしは長年、現実ではない事象に夢中になり、魅了されてきた。生まれてからこのかたずっと、だまされてきたんだ。そして老人は考える。日没が幻だとなると、当てにはできん。日没なしで生きる術を身につけなくては。老人の試みは悲惨な結果をもたらした。いつ眠りについたらよいのかがわからなくなったのだ。夕方になっても夜が来るとは思えず、日が沈めば、「あれは幻だ。本物じゃない。日没なんていうものはないんだ。太陽は海には沈まない。太陽は常に輝いている。現実を真剣に受け止めなくては。眠りにつく必要などない」と繰り返す。漁師は二度と眠ることなく、ついに気が触れて……。

＊　煉獄篇Ⅰ　ヴェルギリウスはダンテの煉獄の守護者探しを、これと似た言葉で記述している。
＊＊　煉獄篇Ⅰ　ダンテが地獄を抜けたときに目にした空の色。

この老人は明らかに、間違いを犯した。ただしそれは微妙な間違いだった。彼の平穏を奪ったのは、日没は本物か幻かという問いだった。太陽は海には沈まない。ところが日没が現実であることを否定したために、じつに大げさで馬鹿げた結論に達したのだ。いったいどこで間違えたのか。

間違いは、「日没」の意味をごっちゃにしたところにある。老人は幼い頃から、日没がどのようなものなのか、ひとつの考えを持っていた。太陽が大海原の水に沈むことを日没というのだ、と。そして、じつは太陽が海に沈んでいないと知ると、日没は存在しないと結論した。

だがコペルニクスの説を知っているわたしたちは、太陽が動いていないと知りながら、落ち着いて日没について語ることができる。日没を愛で、当てにして、日没が存在しないなどとは考えもしない。

わたしたちは、「日没」という概念を整理し直したのだ。わたしたちにとって、日没は本物であり、常に目にしてきたものだ。けれどもそれは、もはや太陽が海に沈むことではない。この点についてきちんと考えたいのであれば、地球の自転によって自分たちが太陽に照らされている場所から遠ざかるときに起きること、というべきなのだ。それでも、日没が日没であることに変わりはない。

だったらなぜわたしたちは、過去と未来が単なる視点のもたらす現象でしかない、ということに気づいたからといって動揺しなければならないのか。自分たちの自由がミクロなレベルで裏付けられていないマクロな現象だからといって、なぜ動じる必要があるのか。日没だからといって太陽が海に沈むわけではない、という事実を発見するのと同じことでしかないのに。それによってわたしたちの暮らしが変わるわけではない。ただし、時の流れという言葉の意味は再定義されることになる。時の流れとは、事物のある特定の配置をある特定の視点から見たものに与えられる名前にほかならないのだ、と……。

情報の源は過去の非平衡である

だがじつはそれだけではない、とわたしは思う。ブラックホールを律している精妙な論理が自分たちの記憶や選択を律する論理と同じであることに気づくとき、わたしたちは自分たちもまた同じ包括的な流転――同じ永遠の流れ――の一部であることを理解する。

マクロな世界のあらゆる情報は、過去の非平衡が消滅することによって生じる。[35] 一人一人の記憶に蓄積されている情報は、すべて過去の非平衡に内在していた情報に由来する。一人一人が自由な選択をすることで生じる情報の代償として、非平衡――ここでも過去からの非平衡――は減少する。

こうしてわたしたちは、尋常ならざる――とわたしには思えるのだが――結論に達する。わたしたちのニューロン、著作、コンピュータ、細胞内のDNA、制度の歴史に関する記憶、インターネット上のあらゆるデータの内容、我が愛おしい導き手――その聖なる瞳は微笑みとともに輝いている*――、人生や文化や文明を形作っているすべての情報の究極の源は、過去の宇宙の非平衡にほかならない[36]。

生物圏全体が、そして人間の文化全体が、水の入った二つの水槽の間で生じる波の渦のようなものなのだ。それは、非平衡な状態からの不可逆な落下なのだが、平衡に向かう現象が緩慢であるために、何十億年もの長きにわたって続くことになる。

さらにいうと、結果が原因の前ではなく後に来るのは、ひとえにこのためだ。原因とは介入であり、それが痕跡を、記憶を――すなわち結果を――残す。原因と結果の関係こそが、この世界の平衡へと向かう一歩。原因と結果の物理学は痕跡と記憶の物理学であって、平衡化がすべてなのだ[37]。時間の方向とは、このような事物の平衡化――平衡へと向かうこの旅――なのである。わたしたちが過去と呼び習わしている時点において事物が釣り合いの取れていない独特な状態にあったがために、たまたま生じた現象……[38]。

時間の向きとは、視点が生み出す現象である。なぜならこの世界のマクロな記述と関わっているからで、そのため、世界を記述する際に用いられるマクロな変数次第で変わってくる。それでも、視点が生み出す現象は壮大であり得る。太陽や月やそのほかの星は日々わたしたちのまわりを回っているが、これも視点が生み出す現象であって、じつは太陽も星も動いていない。それでもやはり、天空の回転は壮大だ。

そしてまた、時間と呼ばれる宇宙規模の流れも壮大なのだ。

平衡状態では思考は存在し得ない

平衡状態にある宇宙には――波が消えた後の水槽と同様――過去と未来を識別する手がかりとなる現象はいっさい存在しない。時間がどの方向に流れるのかを知ることはできない。ところがそのような宇宙では、はるかに根源的な結果がわたしたちを待っている。わたしたちの思考そのものが、存在できなくなるのだ。観察することはできず、推論することもできない。なぜなら、考えることによってエネルギーが散逸するからだ。感じることもできなくなる。なぜなら感じるということは事物を記憶することだから。いいかえれば、感じることに

＊　天国篇Ⅲ　明らかに、ベアトリーチェを指している。

よって記憶が生じるのだ。平衡状態では、感覚は機能しない。音楽を聴くこともできなくなる。なぜなら音楽は、それ以前の音を記憶できてはじめて、わたしたちの脳裏に存在し得るのだから。要するに、平衡状態の宇宙では考え感じる生き物としてのわたしたちは存在しなくなる。

非平衡が思考にとってかくも不可欠であればこそ、時間に方向があるという考えはわたしたちにとってごく自然なものとなり、時間の方向が根源的でないという考えを受け入れることはきわめて困難になる。わたしたちの思考の時間に方向があるのは、思考そのものが不可逆な現象——わたしたち自身が不可逆な現象——であるからだ。わたしたちは、時の子どもなのだ。

カントの主張を純粋に自然を基盤として捉え直してみると、時間の矢——すなわち先ほど概略を述べた、非平衡、系の分離、緩和のための長い時間という三つの条件——は、意識にとって不可欠かつアプリオリな条件といえる。なぜなら、知識はわたしたち自身のような自然な存在のなかで生じる自然現象であり、その感覚や思考はまさに時間のマクロな方向性そのものを拠り所とするマクロな現象であるからだ。

こうしてついに、なぜわたしたちにとって「時間のなかに方向付けられていない自然」という概念を受け入れることがかくも困難なのか、という問いの答えに辿り着く。なぜなら、わたしたちの思考そのものが時間の方向性の申し子であるからだ。思考自体が、最初の非平衡がもたらした産物の一つなのである。

わたしたちは星々に導かれたプロセスの一部

わたしたちは絶えず、自分たちは周囲の世界とは異なる、自分たちは世界を外から見ている、と考え違いをする。自分たちが他の事物と同じようなものであるということ、自分たちもまた自分が見ているものと同じだということを忘れる。このためどんな事物を調べようと、最後は自分たち自身と密接に絡んでくる。ホワイトホールを理解しようとしているわたしたちは、純粋な理性――自分たちが理解しようとしている対象と異なる世界の一部――ではない。わたしたちもまた、同じ星々に導かれた一連のプロセスなのだ。

ひょっとするとだからこそ、わたしたちはブラックホールへの落下の果てに起きる事柄に関心を持つのかもしれない……思えばそれはまた、わたしがこの本をまとめるほんとうの理由なのかもしれない。いやもっといえば、これらの文章を書いては消し、言葉を重ね、絶えずあちこちに動かしては、さらに動かし直し……めちゃくちゃな順序で生まれてきたこれらの言葉をまったく別の順番に並べている理由なのかもしれない（今書いているのは五稿目だ）。時間の秩序には常に、再構成がつきまとう。わたしたちが現実の流れを捉えようといくら懸命に頑張ったところで、その流れははるかに流動的だ。時間は現実の地図ではなく、記憶を蓄積するある種の装置なのだ……。

何かを研究するということは、その対象と関係を持つということだ。互いに関係し合ってはじめて、対象となる事物やプロセスが展開するさまを表し、単純化し、予測できるようになる。何かを理解するということは、理解されるものと一体となり、自分たちのシナプスの構造に含まれる何かと興味を持った対象の構造に含まれる何かを対比することだ。知識とはすなわち、自然の二つの部分が互いに関係するということであり、さらに理解とは、わたしたちの精神と現象の間のより抽象的だが親密でもある属性の共有なのである。

こうしてお互いの関係が織り合わさっていくこと——個人および集団としてのわたしたちの果てしなく豊かな記憶と、現実の途方もなく豊かな構造が織り交ざっていくこと——自体が、時間のなかでの事物の平衡化の間接的な産物なのだ。

思考と感情を持つ生き物としてのわたしたちもまた、このような交ぜ織り、自分たちとこの世界との間にマクロのレベルで形作られた交ぜ織りだ。わたしたちは、ほかの人間との関係に頼って生きる社会的存在、生物圏のほかのメンバーと同じように太陽からの自由エネルギーを燃やす生化学的有機体であるのみならず、これらの相互関係のおかげで現実のほかの部分と織り合わされたニューロンを持つ動物でもある。

わたしたちは猫のようにあらゆることを――ホワイトホールのことまで――知りたがる。生来の「行って、見たがり」なのだ。したがってこれを「好奇心」と呼ぶのは、たぶん矮小化なのだろう。それは、わたしたちが事物に向かう自然なやり方なのだ。なぜならわたしたち自身が事物であって、事物はわたしたちの姉妹なのだから。

何かを発見したときの感動、議論や思考に費やされた時間、ハルと語らったあの日の明るい喜び……これらすべては単なる好奇心ではない。それは、物事にさらに近づこうとする奇妙で不確かな欲求なのだ。わたしたちは人気のない平野を抜けて……。

とどのつまり、言語の真の目的は、意思疎通ではないのかもしれない。言語は事物に近づくためのもの、事物と関係を結ぶためのものなのだ。

友達や愛する人々とおしゃべりするとき、わたしたちはほんとうに何かを告げたくて話しているのだろうか。じつは、何かを伝えるという口実で、おしゃべりがしたいだけなのではないか。

ダンテが天国で教義についてベアトリーチェに尋ねたとき、彼はほんとうに教義に関する疑問に突き動かされていたのか。むしろ、彼女が愛のきらめきに満ちた、かくも神々しいその目で自分をじっと見つめてくれるように仕向けたかったのではなかったか。そのあまりの神々しさに、わたしは背を向けてうつむき、ほとんど我を失ったのだが……。*

同じことは、この世界についてもいえる。時間を、空間を、ブラックホールやホワイトホールを研究するのは、現実と関係を結ぶためなのだ――「それ」ではなく、抒情詩人が月に向かって呼びかけるときと同じ「きみ」としての現実との関係を。『ジャングル・ブック』〔ラドヤード・キップリングの小説およびそれを原作とする映像作品〕では、すべての動物が互いを認めて叫びを交わす。「きみとわたしは、わたしたちは、同じ血筋だ」と。

宇宙を理解し、自分たち自身を理解するには、宇宙に向かって常に「きみ」という呼称を使うべきだ――自分たちと事物の出自が同じであるという認識を表す「きみ」という呼称を。きみとわたしは、わたしたちは同じ血筋なのだ。心のなかに湿っぽい十一月の霧雨が降り始めたら、さあ、海に向かおう。黙って船に乗り、世界へと漕ぎ出そう。

もうずいぶん前に、一人でインドを旅していたときのこと。ふと気がつけば、すでに何時間もおんぼろバスでもみくちゃになっていた。定員をはるかに超える人々や動物でぎゅう詰めのバスは、燃えるような暑さのなか、茫洋とした田園地帯をのろのろと進んでいた。すぐそばでは一人の小柄で内気そうな男の子が、わたしのほうにぎゅっと押しつけられたかと思うと、あちらこちらに放り出されていた。白いチュニックをまとったその子は、ずいぶん長い時間が経ってから、おずおずとわたしに問いかけてきた。何の前置きもなく、「神に至るあなたの道は何ですか」と。当然、わたしは答えを持ち合わせていなかった。でも今なら――何十年も経った今なら――答えらしきものを返せるかもしれない。

スー族〔アメリカ大平原に先住していた三部族の総称〕の長老によると、人生の意義は、自分が出会ったすべてのものに歌で呼びかけることにあるという。

これはわたしの、ホワイトホールへの歌なのだ。

＊

第十七章　天空を漂うホワイトホール

かくして、わたしたちの描像は完成する。宇宙空間を漂う巨大な水素の雲が、それ自体の重みで次第に密になり始める。縮むにつれて熱を帯び、ついに発火して星になる。水素は何十億年も燃え続け、とうとうすべてがヘリウムと灰になり果てる。重力に圧倒されて星は崩れ、ブラックホールになる。あるいはそのほかにも、原始宇宙の灼熱地獄で――すべてが極端なまでに暴力的に揺らぎ高温であった頃に――形作られたブラックホールがあるのかもしれない。

どのようにして形成されたにせよ、ブラックホールでは物質は沈み、ただちに中心に到達する。そこでは空間と時間が量子構造を成しているため、それ以上つぶれることはできない。物質はプランクスターとなり、その星が「跳ね返り」、爆発し始める。

そのまわりでは、ブラックホールの内部の空間自体が量子飛躍し、その幾何学は自ずと再配置されて、ガンダルフさながらに黒から白に変わる。

これはビッグバンに至るプロセス――おそらく一つ前の宇宙が崩壊して生じた過程なのだろ

う——と同じタイプの遷移過程なのだ。時間と空間は溶け、再び形を成す。このプロセスは時間の外、空間の外で起きるが、それでも量子重力の方程式で記述することができる。

　ホワイトホールのなかでは、落下していたすべてのものが上に向かって飛んでいく。ついには入ってきたすべてのものが白い地平線から出て、再び太陽とそのほかの星に*見える。

　外から見ると、このプロセス全体が途方もなく長い間続く。何十億年も、あるいはもっと長く。ブラックホールが蒸発するにはとんでもなく長い時間がかかり[39]、ホワイトホールが散逸するにはもっと長い時間がかかる[40]。すべての情報とほんのわずかな残りのエネルギーをはき出し終わると、ようやくこの尋常ならざる過程の長く幸せな一生が完結する。

　長いといっても限りはある。喜びと苦痛に満ちたこの宇宙の、わたしたち全員の、生きとし生けるものの、あらゆる星の、あらゆる銀河の、あらゆる物語に限りがあるように。ホワイトホールもまた、永遠ではない。

＊　天国篇XXXIII　これは『神曲』の最後の言葉である〔最後の一行は、「太陽とそのほかの星を動かす愛を」となっている〕。地獄篇、煉獄篇、天国篇という三つの頌歌は、いずれも「星」という言葉で締めくくられている。

プランクスターの正体

だが「ひじょうに長い」というのは、穴（ホール）の外側にいる人々の目から見た、このプロセスが終わるまでの時間である。星が崩壊するのを目撃し、ブラックホールが蒸発してホワイトホールになるのを待ち、ホワイトホールの中にあるすべてのもの――それがいかほどであるにせよ――がゆっくりと逃げ出して、ついに地平線が消えるのを待っている人々にとっての時間。

これに対して今回わたしたちがしてきたように、崩壊することで穴（ホール）を生み出している物質とともに地平線を越えた人々は、あっという間に――あるいはその星がほんとうに巨大であったとしてもせいぜい数時間のうちに――量子領域に到達し、心臓の鼓動が一つ打つ間にそこから抜け出して、やはりあっという間にホワイトホールの地平線から出てくる。そして自分たちにとってはごく短い間に、ひじょうに遠い未来に運ばれていることに気づく。

内部でのほんの一瞬が、外部では何十億年もの時間になる。わたしたちの宇宙には、ここまで極端に異なる時間の見方が同時に存在している。宇宙全体が揃って長い一生を送る、という通常の直感はひっくり返される。重力が時間に想像を絶するひずみを与えるのだ。ブラックホールとホワイトホールの一生というプロセス全体が、いわばほんの一瞬はるか遠くの未来に向けて開かれる近道なのだ。

とどのつまりこれこそが、プランクスターなのである。それは、未来への近道。少しのあいだ安全に隠れる術……片やその外側では途方もない時間がゆっくりと過ぎていくのだが……。

ホワイトホールの質量

それでもやはりこれもまた、凝縮した自由エネルギーの散逸――全体としてのエントロピーの増大のなかの短い一節――でしかない。ホワイトホールはわたしたちの時間の感覚をずたずたにする一方で、あらためて、平衡へと向かう散逸という大河の広がりを明らかにしてみせる。リルケが、「〔生と死の〕二つの世界を圧倒しつつ、それらのあらゆる時代を運び去る永久の流れ」と歌った、あの流れがいかに広大であるのかを。[41]
外側にいる人間にとって、長時間残っているホワイトホールは、わずかなエネルギーの残滓を弱々しく放射し続けるひじょうに安定した小さな対象である。その内側には相変わらず巨大な世界が広がっているのだが、外から見るときわめて小さく、単純な質量のように振る舞っており、重力もまったく正常だ。
では、その質量の大きさは正確にはどれくらいなのか。プランク質量より小さくはない。なぜなら1プランク質量のホワイトホールの地平線〔地平線は面である〕は、面積が1プランク面積になるが、空間は粒状であって、それより小さいものは存在し得ないからだ。かといって、それほど大きくもない。なぜなら、大きなホワイトホールは安定せず、ブラックホールに変わってしまうから。[42] ちなみに1プランク質量は、短い毛の質量——一粒の埃の質量——に相当する。

つまり天空のホワイトホールは、浮遊する埃の粒のようなものなのだ。ただし埃の粒とは違って、電気的な性質を持たず、そのため光とは相互作用しない。つまり、見えない。それでも、きわめて弱い重力だけはある。

原始宇宙にしろビッグバンの前段階にしろ、たくさんのブラックホールが形成され、それらはすでに蒸発してしまっているのかもしれない。今このときも、何百万ものそのなれの果てが天空を——目に見えない、一グラムにはるかに満たない粒となって——漂っているのかもしれない。

ホワイトホールは、ほんとうに天空にあるのだろうか。

誰にもわからない。あったとすれば、ハルやわたしはとても嬉しい。出会った瞬間に交わされるあの素早い眼差しのように、真の愛の物語は始まるだけで、決して終わらない。これまで書いては書き直し、語っては語り直してきた話に、結論が出たとはとうていいえない。物語は今も展開し続けている。わたしたちはこれまでと同じように、謎に目を向け、気配を読もうと、じっと暗闇をのぞき込む。

ひょっとすると天の川銀河の中心にあるブラックホール――一九三三年三月十五日の宵に何百万ものアメリカ人が、それが何なのかもまったく知らずに耳を傾けていた甲高い音の発生源――が何十年も正体不明であったのと同じように、天空に散らばるこれらのきわめて小さなホワイトホールも、じつは誰もその正体を知らぬまま、存在自体はすでに明らかになっているのかもしれない。結局のところ天文学者たちはかなり前から、宇宙に目に見えない謎めいた塵――重力を通してのみその存在を知り得る塵――が満ちていることに気づいていたのだから。彼らはそれを、「ダークマター」と呼んでいる。

これらのダークマター――あるいはその一部――はひょっとすると、無数のちっぽけで弱々しいホワイトホール、すなわち時間が反転したブラックホールから成っているのかもしれない。そしてそれらは、宇宙の至る所をトンボのように軽々と漂っているのかもしれない……。

ロンドン、オンタリオ、マルセイユ、ヴェローナ　二〇二〇―二〇二二

訳者あとがき

これはカルロ・ロヴェッリによる一般向けの第七作 *Buchi Bianchi : Dentro l'orizzonte*（英語版題名 *White Holes : Inside the Horizon*）の、イタリア語原書と英語版に基づく日本語全訳である。

海外における反応

海外における本書への反応はというと、イタリア語版原書は一〇万部以上を売り上げ、一〇週連続でベストセラーリスト入りを果たしている。また、すでに二七か国で翻訳されることが決まっている。

さらに英語版に対する評価を拾ってみると、

この本は、物理学者の間の控えめな小競り合いに関する本ではなく、思考の本質自体に関する本である。

彼の著作は、それ自体が文学作品である。

この本を、考えることや科学や文学に関心のあるすべての人々――老いも若きも――に贈呈したい。

本流の科学者による魅力溢れる今年いちばんの、物理学が哲学に――そしてダンテに――出会う本。

彼がブラックホールのことを、またホワイトホールの背後にある理論的概念のことを呆れるほど詳細に語るとき、しばしばそれは科学の授業ではなく、詩のように感じられる。

読者はロヴェッリの力を借りて、――芸術家にとっても科学者にとっても――宇宙を新たな目で見るにあたって想像力がいかに重要なのかを理解できるようになる。

肝の据わった人向けの、しっかりした科学啓蒙書（ポピュラーサイエンス）。

とある。

ふむふむ、ブラックホールが登場して、物理学者の間の小競り合いが絡んでいる。どうやら物理学が哲学やダンテに出会うらしい……。それ自体が文学作品で、詩みたいなところがありながら、しっかりした科学啓蒙書でもある、となか？

それにしても、「この本を、考えることや科学や文学に関心のあるすべての人々――老いも若きも――に贈呈したい」とは、よくもまあ大風呂敷を広げたものだ。たった一六三ページ（本文）の本が、文学作品でありながらしっかりした科学啓蒙書でもあるとは、此は如何に……。

本作の特徴

ここでまず、ロヴェッリが手がけてきた「非専門書」の流れを見てみよう。
二〇一一年 *Che cos'è la scienza. La rivoluzione di Anassimandro*（『カルロ・ロヴェッリの科学とは何か』〔栗原俊秀訳、河出書房新社〕）
二〇一四年 *La realtà non è come ci appare*（『すごい物理学講義』〔竹内薫監訳、栗原俊秀訳、河出書房新社〕）

二〇一四年　*Sette brevi lezioni di fisica*（『すごい物理学入門』〔竹内薫監訳、関口英子訳、河出書房新社〕）
二〇一七年　*L'ordine del tempo*（『時間は存在しない』〔冨永星訳、ＮＨＫ出版〕）
二〇一八年　*Ci sono luoghi al mondo dove più che le regole è importante la gentilezza*（『規則より思いやりが大事な場所で』〔冨永星訳、ＮＨＫ出版〕）
二〇二〇年　*Helgoland*（『世界は「関係」でできている』〔冨永星訳、ＮＨＫ出版〕）
二〇二三年　*Buchi Bianchi: Dentro l'orizzonte*（『ブラックホールは白くなる』〔冨永星訳、ＮＨＫ出版〕）

このうちの『カルロ・ロヴェッリの科学とは何か』では、古代のアナクシマンドロスという人物とその業績を軸として（宗教との関係を含む）「科学論」が展開されている。また『すごい物理学講義』では、アインシュタインの一般相対性理論と量子力学との矛盾の解決手段と目される（そしてロヴェッリの専門でもある）「ループ量子重力理論」が紹介されている。さらに、同年に発表されるや複数の賞を獲得し、ロヴェッリを一躍時の人にした『すごい物理学入門』では、新聞の連載コラムという形で二十世紀の物理学における七つの革新が紹介されており、これら三冊はすべて科学啓蒙書といえる。どれをとっても、科学の本質や物理学の最先端といった決して一筋縄ではいかないテーマをじつにわかりやすく紹介しており、語るべき事柄と端折るべき事柄を見分けることに巧みで、しかも語りの技を熟知するロヴェッリの筆力によって、科学や物理学のイメージがくっきりと浮かび上がってくる。

　これに対して二〇一七年の『時間は存在しない』、二〇二〇年の『世界は「関係」でできている』、そして今回訳出した二〇二三年の『ブラックホールは白くなる』はいささか……というか、かなり毛色が違っている。というのも科学や物理学の紹介と、哲学や仏教や社会、さらには文学などへの言及が綯い交ぜになっているからだ。そのため物理学や科学論のくっきりした像を得たい人からすると、夾雑物が多くてまだるっこしい、ということになりかねない。ロヴェッリ自身は本書の第三部第十二章の終わり（一二五ページ）で、自著に対する物理学科の学生のレビューは最悪だ、と述べているが、物理学科の学生でなくとも、物理学や科学のくっきりした像だけを得たい人は、むしろこの三部作（だと訳者は認識している）の前に発表された著作群を手に取ったほうがよいのかもしれない。

　じつは従来の著作でもこの三作品でも、物理学や科学に関するロヴェッリの主張はまったく変わっていない。というよりも、すべての著作においてロヴェッリの主張は見事なまでに一貫している。ただし『時間は存在しない』に始まる三作品では、物理学者たる自分の問題意識を哲学や文学などの人類の別のタイプの営みに繋げようとする姿勢がより鮮明になっている。

　実際ロヴェッリは、物理学における古代からの思索の軌跡を紹介するなかで、自然科学的な思考の本質を抽出し、さらに広く知の最先端での人々の営み（そこには芸術や文学も含まれる）において「想像し、思索することが持つ力」をはっきりと提示している。その語りからは、物理学が「現実」を理解し把握しようとする人間の営みである以上断じて他の分野と切り離されたものではあり得ない、という確信に基づいて、物理学を狭い専門領域に閉じ込めることなく人間の営みとして開いていこうとする著者の強い姿勢が感じられる。そう思うのは、訳者だけだろうか……。

三つのなかでも特にこの作品は、ロヴェッリ本人の影が濃い。一つには本作が、長年にわたってロヴェッリ自身が提唱してきた仮説（今もそれを巡ってホットな論争が繰り広げられている）をテーマとしているからなのだが、それのみならず、本文中に時折挿入される（それなりの長さのある）独白らしきものを通じて、物理学に魅せられた一学徒、理論を提唱する人物としてのロヴェッリの素の姿が垣間見え、生き生きとした科学の営みに直に触れることができるからだ。まるで、本文一五三ページの「どんな事物を調べようと、最後は自分たち自身と密接に絡んでくる」という言葉に呼応するかのように……。

本作の背後にあるもの

ロヴェッリは自身を振り返って、決して根っからの科学少年ではなかったと述べている。文化に敬意を持つ両親の元で育ち、幼少時からとにかく本を読むことが好きで、あらゆることに興味を持っていたという。高校ではヨーロッパの典型的な教養主義に基づく教育を通して人文主義や古典（ギリシャ、ラテン）の素養を身につけ、哲学に特別な想いを抱くようになる。大学進学で専攻を決める際には、大事な哲学は敢えて脇に置き、物理なら「現実に関する基本的な事柄を探究する」という意味で「許せる」と考えて、物理学科を選ぶ。だが古典物理学にはまったく関心を持てず、試験は受けるが講義はほぼ欠席して自学自習ですませる、いわば不良学生だった。ところがたまたまその試験を通じて現代物理学、具体的には二十世紀に誕生した相対性理論と量子力学に出会ったことから、これはすごい！　とすっかり感動し、思わず知らず物理学に取り組む時間が延びていったという。こうしてただただ物理学を学びまくっていたある日、量子論と重力論が重なり合う領域に迫ったクリストファー・アイシャムの論文のプレプリントを図書館で見つけて、この問題に生涯を捧げよう！　と心を決める。なぜなら量子重力理論は、相対性理論と量子力学の統合という物理学の基本課題を解決する試みであり、そこでは相対性理論とは切っても切れない「時間」「空間」の概念の読み直しが求められている、と感じたからだ。つまりロヴェッリはそもそもの初めから物理学、哲学といった専門の枠組みを超えて、「現実をきちんと認識しようとする人間の努力」に魅力を感じていたのである。その意味で、本作を含む三作品にはロヴェッリの人となり、その姿勢がより鮮明に表れているといえよう（ロヴェッリの人となりにさらに触れたい方は、三作品と並行してまとめられた随筆集、『規則より思いやりが大事な場所で』を参照されたい）。

さらにいえば、幼い頃から冒険小説に親しみ、十代のときには少女に好意を持つたびに、自身をナウシカアーに出会ったときのオデュッセウス（ナウシカアーは王の娘で、難破したオデュッセウスを父の宮廷に案内する）と重ね、思春期の絶望を十九世紀の詩人ジャコモ・レオパルディの詩の絶望と響き合わせるとともにその叙情詩の魅力に慰められ、現実認識のみならず感情や価値の面でもスピノザの『エチカ』の強い影響を受け、青年期にはトルストイの『アンナ・カレーニナ』を夜な夜なガールフレンドに読み聞かせ（ガールフレンドは退屈したらしい）、近年では『紅楼夢』に魅せられているというロヴェッリの言語感覚や語りの力、文学への感性があったればこそ、きわめて多彩な糸を織り上げて、疾走感溢れる軽やかな読書経験へと繋がる詩的作品を作り出すことができたのだ。

本作品では主筋と並行するように、そこここでダンテの『神曲』が引用されているが、これもロヴェッリが少年時代から文学作品のなかに同志を見出してきたことを思えばごく自然といえる。しかも、ダンテの描く地獄はロヴェッリの描くブラックホールのような、巨大な漏斗だというのだから……。

（ちなみにイタリア語原書では、『神曲』からの引用は地の文にすっかり溶け込んでいてほとんど見分けがつかず、注もいっさいついていない。なぜロヴェッリがこのような形にしたのか、その意図を読み解くのも一興だ）

さてここからは（蛇足かもしれないが）、この作品の物理学の啓蒙書としての側面と、そのテーマを巡る現状を簡単に説明しておく。

物理学を平易に伝える（以下、具体的な内容に言及しているので注意）

ここではまず、英語版の副題にある"horizon"とその訳語について説明しておく。オクスフォード英語辞典（OED）によると、"horizon"という言葉は当初「地球の表面のある点から見える範囲を区切る境界線」つまり地平線ないし水平線を意味していたが、やがてより一般的な「二つの領域を分かつ境界」という意味が生じた。そこからさらに第一部第一章一六ページの原注にあるように、event horizonという天文用語が生まれたわけだが、朝倉書店の『オックスフォード天文学辞典』でその訳語を確認すると、「事象の地平線」という訳が充てられており、二〇一七年のアルマ望遠鏡の解説サイトでも同じ用語が使われている。一方ウィキペディアでは、主項目は「事象の地平面」で「『事象の地平線』とも呼ばれている」とされており、実際に近年の天文関連の記事や論文などでも「地平面」という用語が使われている場合が多い。英語およびイタリア語の場合は、horizonという一つの言葉が「二次元の面を分かつ、たとえば地平線のような線」も「三次元空間を分ける、たとえば球面のような面」も意味しているので、この二つのイメージの間を自由に行き来できる。ところが日本語では、地平線は二次元面を分かつもので、地平面は三次元空間を分かつものと、まったく別のイメージを喚起するため、読者は戸惑いかねない。

ブラックホールのhorizonは「その先が見えなくなる境界」であり、じつはブラックホールの内部と外部を隔てている「球面」であって、horizonの原義でいうと「三次元空間を分かつ面」になる。ところが球面というのは閉じた図形で、通常の図で表現できるユークリッド幾何学の世界では、その球面の内部に入っていったときに中央に向かってどんどん空間が絞られ延びていって……という話は完全に想像の埒外になる。閉じた球としてのhorizon全体のイメージが邪魔になって、そのような状況を思い描くことができなくなるのだ。おそらくそれもあって——著者自身が五三ページの図内の注で述べているように——本書の説明図（そしてロヴェッリ自身がさまざまな場所で行ってきた講演の際に示している模型）では、敢えてブラックホールの内側の「わたしたちが落ちていくあたり」を「一つ次元の落ちた地平線で区切られた漏斗」で模しているのだろう。そこで今回の訳ではこれらの事情を勘案したうえで、「地平線」という訳語で通した。

ちなみにこの漏斗の比喩はじつに見事で、次元が一つ落ちているからこそ、読者は無理なくブラックホールの内部への落下とその先の出来事をイメージすることができる（本文一一四ページでホーキング放射が本格的に登場してからは、「地平線」が三次元のなかの球面として扱われていることに注意）。

物理学は「現実の仕組み」を探る学問だが、その「仕組み」は必ずしも視覚イメージで容易に把握できるものではない。

たとえばアインシュタインは特殊相対性理論で、人間の素朴な感覚でいうと三次元の「空間」に加えて「時間」という第四の独立な次元があるとしか思えない「時間と空間」が、じつは「四次元時空」として絡み合っていることを明らかにした。そして一般相対性理論で、その時空が宇宙に存在する物質と絡み合う、まるで「軟体動物のようなもの」であることを示した。だが軟体動物のようにグニャグニャする「四次元時空」を視覚的にイメージするなんて、とうていできようはずもなく……。だからこそ物理学では、人間の目では見えないさまざまな対象を正確に把握するために、数式や概念を用いた数理的な推論で「現実の仕組み」に迫るのだ。そうなると、人間の素朴な視覚イメージを支えとして数式や概念抜きで物理学の醍醐味を伝えることは、ほぼ不可能に思えてくる。ところがロヴェッリは巧みな比喩を用いて、物理学者たちが数式や概念を駆使しながら実感している独特の意外さや高揚感や満足感といったものを読者に伝えていく。ロヴェッリが高く評価されているのは、一つには「平易だが正確な記述」だからで、この漏斗の例からもわかるように、ロヴェッリは比喩の選び方がじつに巧みである。おそらくこれは、詩人に通じる才能なのだろう。

ちなみにイギリスの小説家アラン・ガーナーは、「カルロ・ロヴェッリは、物理学の詩人である。さまざまな不思議に驚嘆するその感性は、科学と芸術の境界を消してしまう」と評している。

ループ量子重力理論とホワイトホール

さて、原題からもわかる通り本作品は、アインシュタインの方程式のブラックホールとは別の解として知られてきた「ホワイトホール」をテーマに据えている。ブラックホールと呼ばれる解ですら、その実在が広く認められ確認されたのはつい最近のことであって、今でもホワイトホールは数学的な概念にすぎないという見方が強いのだが、ロヴェッリは、空間を量子化したループ量子重力理論に基づけば「ホワイトホール」が実在する確率を算出することができて、その値は一に近くなる、と主張する。そこでここでは、「ループ量子重力理論」と「ホワイトホール」を巡る現状を簡単に紹介しておく。

本文の八二ページでも触れられているように、ロヴェッリは「空間と時間の量子的側面を正確に把握し、量子的になった空間と時間を扱う際に不可欠な概念構造を明らかにしようと努める」なかで、「ループ量子重力」と呼ばれる数理構造を構築した。つまり、互いに相性の悪い相対性理論と量子力学を統合して量子重力理論を確立する、という物理学の基本課題の解決を目指して、ある有力な候補を構築したのだ。

相対性理論と量子力学を統合した理論を構築するとなると、まず大前提として、相対性理論を理解してさらに量子力学も理解し、そこで生じる問題を理解できていなければならない。そうでなければ、とうてい解決などおぼつかない。そこで一般に「量子重力理論」の解説書では、「相対性理論」を解説し、「量子力学」を解説してから量子重力理論の問題に取りかかるのが普通で、じつは本書を含む三つの作品も、このような正統な手順に従って展開している。

このようなループ量子重力理論の紹介は、じつは『すごい物理学講義』ですでに行われているのだが、その後の三作品では、一作目の『時間は存在しない』で時間（アインシュタインの相対性理論によってその概念が根底から覆った）を取り上げ、二作目の『世界は「関係」でできている』で視点が織りなす世界（量子論を正面から受け止めると、関係が世界を編み上げていることになる）を取り上げて、三作目の本書でホワイトホール（ループ量子重力理論がその実在を予測している現象）へと至っている。つまり入門書や解説書と同じ正統な進行を踏襲しつつ、ループ量子重力理論において「時間」および「関係」の概念が占める重要性、それらの従来の概念をいったん反故にして再構成することの必要性を明確に示したうえで、ループ量子重力理論と現象との繋がりを紹介しているのだ。ループ量子重力理論をきちんと捉えるには、相対性理論がもたらした新しい「時間」の概念や、量子論がもたらした新しい「関係」の概念を深く考える必要があるが、それらの概念自体、容易に咀嚼できるものではない。だからこそロヴェッリはこれらを存分に論じるために、この三つをそれぞれの作品に割り振ったのだろう。

さて、本文の一二〇ページにもあるように、量子重力理論には有力な候補が大きく二つあるとされている。これまでにさまざまな量子重力理論の候補が提案されては消えるなか、物理学者たちの厳しい目に堪えて、「現在も数理的な推論として成立している有力な候補」として受け入れられているのが、「ひも理論」とロヴェッリらが取り組む「ループ量子重力理論」なのだ。ただしこの二つにはさまざまな違いがあり、まず――これはロヴェッリ自身が語っていることだが――取り組んでいる研究者の人数が一桁違う。ひも理論が数千人規模なのに対して、ループ量子重力理論は数百人規模。ではなぜこんなに取り組む人の数が違うのかというと、一つには、それぞれの理論の目標が異なるからだ。

そもそもひも理論は、量子重力理論のための理論ではなかった。あらゆるものの基礎となっている粒子を突き止めようとする物理学の分野、素粒子論において、基本中の基本となる「素粒子」が（わたしたちが直感的に想像する）点だとするとさまざまな問題が生じることから、ごく微細なひもが振動していると考えたらどうか、と仮定したことで始まった理論なのだ。この仮定が大いに有効でさまざまな事象を説明できたことから、どんどん発展するなかで、だったら量子重力もきちんと説明できるはずだということになり、今日に至っている。

ひも理論は素粒子論に由来しているので、物理学者が馴染んできた手法を使える場合も多く、それが強みになっている。とりあえず時空の量子化という問題は棚上げにして、それとは異なる側面からの量子重力などの問題への取り組みが続けられ、停滞と発展の波を繰り返しながら、今も数学に刺激を与えつつさまざまな方面に展開しているのだ。

これに対してループ量子重力理論は、量子重力理論のための理論だから、はなから目的が限定されている。量子重力理論構築に向けた試みは、相対性理論と量子力学の着想を数学的に組み合わせる試み、すなわちホイーラー＝ドウィット方程式から始まった。だがこの方程式には時間変数が含まれていなかったから、背景となる時間のなかで事象を記述することを常としていた物理学者たちの多くが当惑することとなった。それでも一般相対性理論に比較的忠実に空間を量子化するという試みは途絶えることなく、そのなかで、一般相対性理論では混じり合っている時間と空間をひとまず峻別し、既存の理論（ゲージ理論）と同じような定式化を行ってそこで量子化を行おう、という路線が生まれた。そしてロヴェッリとリー・スモーリン（八七ページ）が見出した「ループ表現」が大きな弾みとなって、空間を量子化したループ量子重力理論が展開されたのだ。ロヴェッリによると、ループ量子重力理論は八〇年代に発見され、九〇年代に計算に乗り、二〇〇〇年代に共変性にアプローチし、二〇一〇年代に古典相対性理論と繋がる、という形でゆっくり進んできたという。だが問題が大きく計算がひじょうに複雑で、しかもひも理論の場合の素粒子論のような強力なバックグラウンドがないため、ひも理論が経験したような大きな流行は、まだない。

こうしてみると、素人はついつい二つの理論に優劣をつけたくなるが、ひも理論で有名なブライアン・グリーンとロヴェッリとの対話では、「二つの理論は別々の道を経て、量子重力理論というより深い統合を目指している」という点で、両者の意見が一致している。実際に現時点で物理学者たちは、これら二つの未だ発達途上で荒削りな部分がある理論がじつは互いを補完するのではないか、と考えているという。

ロヴェッリとグリーンはこの二つのアプローチの性質について、さらに次のように述べている。すなわち、「ひも理論は『数学的』であり、方程式があったら、さあできることをやってみよう！　という姿勢なのに対して、ループ量子重力理論は『哲学的』で、方程式があったら、さあこの意味を考え直してみよう！　という姿勢だ」というのである。その一方でこの二つには、「よく、形而上学的だといわれる」という共通点がある。つまり、現実から遊離気味、と目されているのだ。物理学は「現実の仕組みを説明」しなければならないから、当然それぞれの理論がその理論に基づく予測を出して、それを検証しようと試みる。そのような検証が達成されてはじめて、その理論が現実の仕組みを説明していることが認められるわけで、ひも理論の場合はさまざまな予測を出してきたが、まだそれらが確かに検証されたといえるところまではいっていない。一方ループ量子重力理論の場合は、予測を出すこと自体が困難なのだが、この作品で提示されている「（アインシュタインの方程式の解である）ホワイトホールが実際に存在するはずだ」という主張は、そのようなループ量子重力理論の数少ない「予測され、検証に付され得る現象」になっている。ロヴェッリ自身はループ量子重力理論について、「とても美しい理論だが、いずれどこかで実験、観察と結びつかなければ、意味のないものになってしまう」と考えているが、「ホワイトホール」が存在することが確認できれば、それによって「ループ量子重力理論」が現実の観察と結びつくことになる。ちょうど、「大きな質量のそばでは光も曲がる」という予測が日蝕の際のある現象を通して確認されたことによって、アインシュタインの一般相対性理論の妥当性が裏付けられたように。その意味でロヴェッリにとって、「ホワイトホール」は大変大きな存在なのだ。

そうはいっても――これはどちらにもいえることだが――これらの理論を裏付ける現象を観

測するのはきわめて困難で、物理学が専門ではない訳者などは、思わず「ええっ！　ホワイトホールが天空を漂う短毛のようにちっぽけなものだとして（とロヴェッリは主張する）、そんなものを観測するなんて無理、無理、できっこない！」と感じてしまう。ところが物理学者の時間感覚は少々異なっているようで……。たとえば、本文にも登場するジャンスキーが一九二八年に捉えた電波信号に関していうと、たぶんその発生源はブラックホールだろう、という仮説が広く取り上げられるようになったのはようやく一九八〇年代のことで、さらに、十年に及ぶ観察などを経て間違いなく超大質量のブラックホールであると結論されたのは二〇〇九年のことだった。物理学者はこれまでにも幾度となく、理論が生まれてからそれを裏付ける観察が得られるまで、あるいは何かが観察されてからそれを説明する理論が生まれるまでにひじょうに長い時間がかかる、という経験を繰り返してきた。だから「難しそう」なくらいでは決してめげず、自分が生きている間には達成できそうにないプロジェクトにも、当然のように汗を流す。

実際、フランス国立科学研究センター（ＣＮＲＳ）のニュースでは「ホワイトホール」を次のように紹介している。

ブラックホールの存在が予測されてからその検証までに何十年もかかったように、ホワイトホールの存在も、その検証には長い時間がかかるかもしれないが、ループ量子重力理論の方程式からいって、それは十分に存在し得る。ホワイトホールを観察するために、ホーキング放射が始まってどんどん質量を失い始めている多数の小さなブラックホールを探すことが検討されている。そのようなブラックホールは原始ブラックホールであるはずだから、現在天文学者たちは、これらの——これまで観察されたことがない——原始ブラックホールに注目して、ホワイトホールへの遷移の証拠を摑もうとしている。ではどのようにして探すのかというと、ブラックホールからホワイトホールへの遷移は暴力的であり得るから、その際に発せられるであろう強烈なガンマ線バーストを探す……云々。

このように、本作品で紹介されていることはまさに物理学の先端の一つであり、物理学はそれを真剣に受け止めている。


最後になりましたが、『時間は存在しない』と『世界は「関係」でできている』に引き続いて校閲をしてくださった酒井清一さん、ＮＨＫ出版の編集者の本多俊介さん、宮川礼之さんにはたいへんお世話になりました。心から感謝いたしております。

また、大学時代からの友人である青木薫さんには、内容の物理学的な側面や訳者あとがきなどについてさまざまな助言をいただきました。ロヴェッリの作品と相まって、物理学への理解が大いに進んだような気がしております。ほんとうにありがとうございました（もちろん、最終的な文責は訳者にあります）。

みなさまには、さまざまな角度から何通りものやり方で幾重にも玩味できるロヴェッリのこの作品を、どうか存分に楽しまれますように。

冨永　星

二〇二五年一月

原注

1　デヴィッド・フィンケルシュタイン、'Past-future asymmetry of the gravitational field of a point particle（点粒子の重力場の『過去—未来』の非対称性）', *Physical Review*, 110,1958,pp.965-7.

2　デヴィッド・フィンケルシュタイン、'MELENCOLIA I: The physics of Albrecht Duerer（メランコリアI：アルブレヒト・デューラーの物理学）', https://arxiv.org/abs/physics/0602185
この論文は書籍にもなっている。*The Melancolia Manifesto*（憂鬱宣言）（Bristol: IOP Publishing）2016.

3　ここでは内部のシュワルツシルト幾何学を、一定の時間での表面を最大化する葉層構造を用いて記述している。専門的な詳細については、M. ChristoboulouとC. Rovelliの 'How big is a black hole?（ブラックホールの大きさは？）', *Physical Review D*, 91, 2015, pp. 640-46を参照。

4　臨済義玄の『臨済録』〔示衆より〕。

5　注3で定義された葉層構造を用いている。

6　プランク長さはきわめて短く10^{-33}センチメートルしかないが、筒の径がそこまで小さくなくても量子領域になり得る。ブラックホールの曲率は、その質量Mを半径rの3乗で割ったものとオーダーが同じ（$R \sim M/r^3$）なので、質量が十分大きければ、半径は大きくてもかまわないのである。

7　たとえば、刘奋荣（劉奮栄（リウ・フェンロン）、Fenrong Liu）の'New perspectives on Mohist logic（墨子の論理に関する新たな視点）', *Journal of Chinese Philosophy* 37: 4, 2010, pp. 605-21 を参照。

8　Carlo Rovelli, Francesca Vidotto, 'Planck stars（プランクスター）', *International Journal of Modern Physics D*, 23, 2014, pp. 1420-26.

9　より正確にいうと、その大きさではなく密度がプランクスケールに達する。

10　Carlo Rovelli, Lee Smolin, 'Spin networks and quantum gravity（スピンネットワークと量子重力）', *Physical Review D*, 53, 1995, pp. 5743-59および、'Discreteness of area and volume in quantum gravity（量子重力における面積と体積の離散性）', *Nuclear Physics B*, 442, 1995, pp. 593-619.

11　スピンは、回転群の（被覆群である）*SU*(2)の既約表現 である。

12　ロジャー・ペンローズがわたしにそう語った。

13　注9を参照。

14　時間の符号を変えると速度（一階微分）の符号は変わるが、加速度（二階微分）の符号は変わらないので、やはり引力になる。

15　きわめて鋭い読者は「でも、そんなことはあり得ない……」と思うだろう。この後の数ページでは、専らこの点が扱われている。当面わたしは可能性の話をしているだけで、確率の話はしていない。

16　これは、RovelliとVidottoが'Planck stars'（注8参照）という論文で提案した着想である。

17　本質的には、座標の変換。

18　Hal Haggard, Carlo Rovelli, 'Black hole fireworks: quantum-gravity effects outside the horizon spark black to white hole tunnelling（ブラックホール花火：地平線の外側の量子重力効果によって、ブラックホールからホワイトホールへのトンネル効果が引き起こされる）', *Physical Review D*, 92,2015,pp.104-20, https://arxiv.org/abs/1407.0989

19　Stephen Hawking, 'Black hole explosions（ブラックホールの爆発）', *Nature*, 248, 1974, pp. 30-31.

20　散逸、エントロピーの増大が起きる。

21　不可逆な側面は、このほかにもあるのかもしれない。たとえばマルセイユのアレハンドロ・ペレスは、プランクスケールでの幾何学的自由度に散逸する可能性を研究している。

22　エントロピーは、エネルギーと温度の関係から計算できる。

23　Andrew Strominger, Cumrun Vafa, 'Microscopic origin of the Bekenstein-Hawking entropy（ベッケンシュタイン＝ホーキングのエントロピーのミクロな起源）', *Physics Letters B*, 379, 1996, pp. 99-104; Carlo Rovelli, 'Black hole entropy from loop quantum gravity（ループ量子重力からのブラックホールのエントロピー）', *Physical Review Letter*, 77, 1996, pp. 3288-91.

24　エントロピーは地平線（ホライズン）の面積〔地平線が実際には球面であることに注意〕に比例し、あり得る状態の数はエントロピーによって定まる。

25　Juan Maldacena, 'Recent progress on the black hole information paradox（ブラックホールの情報パラドックスに関する最近の進展）' Strings 2020, Cape Town, South Africaにおける講演、https://indico.cern.ch/event/929434/contributions/3913390/attachments/2069777/3474397/Maldacena.pdf

26　情報パラドックスは、ブラックホールの状態の総数はベッケンシュタイン＝ホーキングのエントロピーによって、つまり地平線の面積によって測ることができる、という誤った着想から生まれ、現在では定説となっている。これは、ホログラフィー原理の極端なバージョンである（これより弱いバージョンのホログラフィー原理も、複数存在する）。この定説は、蒸発によって状態の数が減るという定説から生じる。ページ時間が過ぎた時点で、ホーキング放射を純粋にすることができるだけの状態は存在しなくなっている。そこからフォン・ノイマン・エントロピーは減少し始め、結果としてページ曲線が形成される。もしそうであるなら、情報が出ていける仕組みがあるはずだ、というのである。ところがこの議論は、二つの誤った前提に基づいている。第一に、フォン・ノイマン・エントロピーは常に熱力学的エントロピーよりも小さい、という前提。これ

は、エルゴード系においてのみ成り立つことだが、ブラックホールはその因果的な構造から明らかにエルゴード系ではない。因果的な構造があるために、エネルギーが内部と地平線に均等に分配されないのだ。系のなかの因果的に切り離された部分は——過去に形成されたエンタングルメントによって——フォン・ノイマン・エントロピーには寄与し続けるが、熱力学的エントロピーには寄与しない。地平線が蒸発するとき、その熱力学的エントロピーは低くなるが、フォン・ノイマン・エントロピーは低くならず、このため情報は、外から見たブラックホールの熱力学に寄与することなく、内部にとどまることができる。第二に、地平線が事象の地平線だという前提も間違いだ。正確には黒から白への遷移によって、事象の地平線ではなくなる。地平線は見かけのものであって、それが事象の地平線か否かは、量子重力によって決まる。なぜなら外側の曲率は、蒸発が終わる前にプランクレベルになるからだ。ユニタリー性に問題がある、というのがここでの主張である。ページ時間を巡る推論は、地平線が事象の地平線であるという（誤った）前提に基づいている。つまり、量子重力に関する（誤った）仮説に基づいているのだ。ストリング（ひも）の状態数の計算には、ブラックホールの静止した外部、つまり事象の地平線だけが関係する。つまりこの情報のなかの、観測可能量（オブザーバブル）が位置する場所である外側から判別し得る状態数と関係しているのだ。ところがこれらは地平線の状態であって、内部の状態ではない。情報はブラックホールの中にとどまる。そしてブラックホールがホワイトホールになり、外に出られるようになったところで、長い時間をかけて外に出ていく。

27　おそらく、この前の地平線がまだかなり大きい段階でも起こり得るのだろう——わたしにはよくわからない。

28　ひじょうに小さい（プランク質量の）ホワイトホールは、量子重力のおかげで安定している。

29　そしてそこではエントロピーが生成される。

30　詳細な議論については、Carlo Rovelli, 'Memory and entropy（記憶とエントロピー）', *Entropy*, 24, 8, 2022, p. 1022. https://arxiv.org/abs/2003.06687を参照。

31 必然的に、エントロピーが生成される。

32 スピノザの『エチカ』第一部、補遺。

33 スピノザの『エチカ』第二部の定理35の備考。

34 Carlo Rovelli, 'The old fisherman's mistake（老いた漁師の間違い）', *Metaphilosophy*, 2022, https://doi.org/10.1111/meta.12589

35 非平衡は情報である。なぜなら平衡に近づけば近づくほど、ミクロの状態の数は大きくなり、そのマクロな状態に含まれる情報は少なくなるからだ。

36 過去のエントロピーが低かったということが、すべての痕跡や記憶に含まれる情報の究極の源なのである。

37 原因と結果の区別は、現象のミクロな記述では意味を成さない。ミクロレベルの事物には規則性があり、物理法則があり、確率がある——そしてこれらの概念は、過去と未来を区別しない。過去と未来の区別は、わたしたちが巨視的と呼ぶ変数を用いて記述された宇宙の歴史が有する性質なのだ。ただこの理由においてのみ、わたしたちは原因について話すことができる。

38 Carlo Rovelli, 'Back to Reichenbach（ライヘンバッハに立ち返る）' http://philsci-archive.pitt.edu/20148を参照。

39 プランク単位でm^3と同じオーダーの時間。ただしここでのmはブラックホールの最初の質量。

40 プランク単位でm^4のオーダーの時間。

41 ライナー・マリア・リルケ『ドゥイノの悲歌』の「第一の悲歌」より。

42 巨視的なホワイトホールは不安定である。プランク質量のホワイトホー

ルは、量子重力によって安定している。Carlo Rovelli , Francesca Vidotto, 'Small black/white hole stability and dark matter（小さなブラック/ホワイトホールの安定性とダークマター）', *Universe*, 4, 2018, p. 127.

＊URLは原書刊行時（2023年5月）のものです。

図版リスト

図1：ハルのポートレート by Fausto Fabbri（著者の厚意による）
図2：「カール・G.ジャンスキー論文集」より、ジャンスキーのアンテナ ©NRAO/AUI/NSF
図4：射手座A*のブラックホール ©ESO/EHT Collaboration
図5：Sean Bakerによる地図
図6：デヴィッド・フィンケルシュタインのポートレート by Alan David（1984）（Aria Ritz Finkelsteinの厚意による）
図7：「メランコリアI」アルブレヒト・デューラー（1514）、ニューヨーク・メトロポリタン美術館蔵
図11、図12：ベクトルのイメージ ©PenWin/Shutterstock.com
図17：月の画像 ©NASA images/Shutterstock.com、地球の画像 ©ASPARINGGA/Shutterstock.com

［著者］
カルロ・ロヴェッリ　Carlo Rovelli

理論物理学者。1956年、イタリアのヴェローナ生まれ。ボローニャ大学卒業後、パドヴァ大学大学院で博士号取得。イタリアやアメリカの大学勤務を経て、現在はフランスのエクス=マルセイユ大学の理論物理学研究室で、量子重力理論の研究チームを率いる。「ループ量子重力理論」の提唱者の一人。『すごい物理学講義』（河出書房新社）で「メルク・セローノ文学賞」「ガリレオ文学賞」を受賞。『すごい物理学入門』（同）は世界で150万部超を売り上げ、『時間は存在しない』（NHK出版）はタイム誌の「ベスト10ノンフィクション（2018年）」に選出、『世界は「関係」でできている』（同）は世界23か国で刊行決定など著作はいずれも好評を博す。本書はイタリアで10万部以上を売り上げ、世界27か国で刊行予定の話題作。

［訳者］
冨永 星　とみなが・ほし

1955年、京都生まれ。京都大学理学部数理科学系卒業。翻訳家。一般向け数学科学啓蒙書などの翻訳を手がける。2020年度日本数学会出版賞受賞。訳書に、マーカス・デュ・ソートイ『素数の音楽』『数学が見つける近道』（以上、新潮社）、キット・イェーツ『生と死を分ける数学』、シャロン・バーチュ・マグレイン『異端の統計学 ベイズ』（草思社）、ヘルマン・ワイル『シンメトリー』（筑摩書房）、スティーヴン・ストロガッツ『xはたの（も）しい』、ジェイソン・ウィルクス『1から学ぶ大人の数学教室』（共に早川書房）、フィリップ・オーディング『1つの定理を証明する99の方法』（森北出版）など。

［校正］酒井清一
［本文DTP］佐藤裕久

ブラックホールは白くなる

2025年2月25日　　第1刷発行

著　者　カルロ・ロヴェッリ
訳　者　冨永 星
発行者　江口貴之
発行所　NHK出版
〒150-0042 東京都渋谷区宇田川町10-3
電話 0570-009-321(問い合わせ)
0570-000-321(注文)
ホームページ https://www.nhk-book.co.jp

印　刷　亨有堂印刷所／大熊整美堂
製　本　ブックアート

乱丁・落丁本はお取り替えいたします。
定価はカバーに表示してあります。

Printed in Japan
ISBN978-4-14-081983-8 C0098